军事游戏模拟训练

Simulation Training Based on Military Games

许仁杰　　主　编

安洪伟　　副主编

吴东亚　程　洁　翟晓宁

石　晶　赵露华　邵　伟　参编人员

张晓炜　杜　君　张付领

国防工業出版社

·北京·

内容简介

本书主要综述军事训练游戏的发展历史及现状，分析军事训练游戏的特点，给出军事训练游戏的设计原则及设计方法，系统阐述使用军事游戏进行模拟训练的相关理论、方法及手段，给出军事游戏模拟训练的相关规范及标准。

本书可作为相关院校游戏设计专业、部队及军事院校军事训练专业的授课教材，也可作为游戏设计公司的开发指导书，还可作为相关部队训练的作业指导书。

图书在版编目（CIP）数据

军事游戏模拟训练/许仁杰主编. —北京：国防工业出版社，2021.4

ISBN 978-7-118-12319-7

Ⅰ. ①军…　Ⅱ. ①许…　Ⅲ. ①军事训练-训练模拟器-军事技术
Ⅳ. ①E939

中国版本图书馆 CIP 数据核字（2021）第 056287 号

※

国防工业出版社出版发行

（北京市海淀区紫竹院南路 23 号　邮政编码 100048）

三河市众誉天成印务有限公司印刷

新华书店经售

*

开本 710×1000　1/16　**印张** 10½　**字数** 182 千字

2021 年 5 月第 1 版第 1 次印刷　**印数** 1—1500 册　**定价** 79.00 元

国防书店：（010）88540777　　书店传真：（010）88540776

发行业务：（010）88540717　　发行传真：（010）88540762

前　言

军事训练游戏作为严肃功能游戏的一种，在军事训练、国防教育等领域发挥的作用越来越明显。得益于虚拟现实技术的发展，军事训练游戏已经能够构建高逼真、高沉浸、强交互的虚拟战场空间。游戏中，玩家可以“走进”虚拟战场，既可以看到山峦沟壑，也可以感受到战火纷飞、硝烟弥漫。在这样的环境中，指挥员可以获得充足的战场信息，拥有决策优势，贯彻各种战术思想，体会运筹帷幄的惊心动魄；士兵可以熟悉战场环境，适应战场氛围，训练战斗技能和坚韧的意志，当他们真正上战场时，就已经是熟悉战场环境的老兵了，这在传统的训练场和演习场中是难以做到的。在计算机游戏的虚拟战场环境中训练部队，是和平时期军队进行实战化训练的最有效方式。本书的撰写正是基于以上背景展开的，结合编者制作军事训练游戏的实际经验和军事训练游戏在教学中运用的实践，对军事训练游戏的设计原则及设计方法，使用军事游戏进行模拟训练的相关理论、方法及手段，军事游戏模拟训练的相关规范及标准进行了系统地阐述，对军事游戏模拟训练这种新的训练方式具有现实指导意义。

本书由陆军装甲兵学院许仁杰、安洪伟、吴东亚、程洁、石晶、赵露华、翟晓宁、邵伟、张晓炜，陆军研究院的杜君，解放军总医院张付领编写，读者在使用过程中如对本书有意见和建议，欢迎来信交流，邮箱：jackyxu@ bit. edu. cn。

在完成此书过程中，编者参考了国内外相关领域的文献，在此对相关作者一并致谢。

目　录

第1章 绪论

1.1 什么是军事游戏

近年来，随着教育界有关人士对游戏辅助教育的研究越来越深入，游戏与教育的界限不断融合。游戏设计者尝试运用游戏的理念与先进技术来激发学习者的学习动机，推动学习者长时间投入学习。这些理念和技术逐渐被运用到严肃游戏设计中，使严肃游戏对促进学习者学习发挥着重要作用。伴随着研究者对严肃游戏研究的深入，越来越多的游戏研究开发人士致力于将严肃的教育目标和生动活泼的游戏娱乐融为一体。

对于严肃游戏的定义，研究者持不同看法。早在1970年，克拉克·艾伯特就在他的《严肃游戏》一书中对严肃游戏进行了阐释。他认为，严肃游戏在本质上就是两个或者多个决策者在有局限性的环境里，试图获得他们预期目标的活动。要想完成预期任务，必须遵循一定的规则。严肃游戏设计的宗旨并不是用来娱乐的，而是自始至终都有清晰、翔实的教育目的。

2004年，美国首都华盛顿召开了第一届“严肃游戏高峰会议”（Serious Games Summit）。会议邀请了各界代表参与，包括游戏从业者、军方代表、政府部门以及教育界人士等各领域专家，并达成了对“严肃游戏”应用领域的首次界定，将其定义为远远超越传统游戏市场的互动科技应用，包括人员训练、政策探讨、分析、视觉化、模拟、教育以及健康与医疗。

2005年，迈克·兹达在他的论文《从可视化模拟到虚拟现实再到游戏》（*From Visual Simulation to Virtual Reality to Games*）中，将严肃游戏定义为“在特定规则下，人与计算机展开的通过娱乐的方式以加强国家或者公司的培训、教育、医疗、公共政策和策略性沟通为目标的一种智力竞赛”。

2009年，在北京召开的第一届严肃游戏（北京）创新峰会上，“严肃游戏之父”诺亚·福尔斯坦指出，严肃游戏是使用了游戏的理念和方法，通过这种新媒介途径将学习与趣味结合起来，并以一种全新体验方式呈现在受众面前的游戏与教育的结合体。

尽管到目前为止对严肃游戏还未形成一个统一的定义，但从以上定义我们不难看出其中的共同之处。严肃游戏与我们所说的传统意义上的游戏不同，它不是以娱乐为目的，而是以教育与培训为目的而设计的游戏。尽管它具有娱乐性，但最终目的是为教育服务，为教育所用。所以我们在这里将严肃游戏定义为，使用游戏理念与方法设计的，集趣味性与教育性为一体的，为达到特定教育或培训目标服务的游戏。

关于严肃游戏的设计案例还有很多，前期的严肃游戏受众面较广，知识领域较宽，面向的是大众，而后期的严肃游戏受众面较小，主要是为了使参与者获取某种特定的专业知识而专门设计的，大都得到了积极反馈。

严格地讲，游戏是由具有明确目标的玩家主动参与、环境中包含许多道具且有一定的游戏规则、最终是以娱乐为目的的一种活动。不难看出，包含了军事规则并具有趣味性的军事活动也可以成为一种游戏。因而军事游戏可以看作是运用于军事领域或者在军事领域产生的具有娱乐性质的活动。但这是从字面上的理解，其外延过于宽泛。其实，早在古罗马时代就产生了军事游戏，最早的指挥官就已经掌握了通过沙盘来进行战略统筹。可见，军事游戏是带有军事目的，是要服务于作战行动的。那种纯粹为了娱乐的游戏在军事领域并不能被称为军事游戏。不仅如此，今天我们所讲的军事游戏大多是指游戏的一种类型，这也是本书所指军事游戏的基本类型。有关专家也认为："游戏虽不能算得上战争，且战争远远不止于游戏，但是军事游戏在推动战争与军事训练上的确起到了一定的作用，具有积极的意义。"

结合游戏概念，对军事游戏做出定义：军事游戏是指对战场的背景、人员的行为以及武器系统进行模拟，以完成各种作战任务来达到训练和军事对抗目的的游戏。军事游戏作为计算机游戏的一种类型，是计算机技术和军事作战发展到一定阶段相结合的一种产物。军事游戏将游戏与军事中的诸多关键因素相结合，逼真地模拟战场环境，以达到身临其境的目的。

1.2 军事游戏的基本内涵

首先，军事"游戏"是一种军事"博弈"。"军事游戏"的概念源自于西方"Military Games"的翻译，在英汉词典中一直把"Game"与"娱乐游戏"等同，并没有译出"Game"的本质含义。军事游戏与普通游戏的区别主要在于具有明显的军事元素的游戏背景，这种依托军事行动开展的规则竞争，才使得军事游戏在具有游戏娱乐功效的同时，也有助于辅助军事训练、促进军事文化建设和培养爱国情操与政治素质等。因此，军事游戏本质上要服务于军事行动，体现军事活动的基本特征。

其次，军事游戏是虚拟仿真的一种形式。虽然军事“游戏”是一种“博弈”，但它的背景设计大多以真实战场为原型，以计算机为实现平台对现实战场的虚拟和仿真。以军事对抗为题材的游戏背景，满足了游戏玩家在暴力对抗最高斗争形式——战争中施展才华的机会。用于军事训练的军事游戏发展目标是尽可能真实、全面地“复现”真实战场，对各种战场要素表现得淋漓尽致。因此，从技术的角度看，军事游戏实质就是一种虚拟仿真的表现形式。

最后，军事游戏因模拟训练的引入而发生分化。随着越来越多的国家开始关注利用军事游戏开展军事模拟训练，使军事游戏自身的发展需求也正发生着重大改变。军事游戏模拟训练的引入，可能会导致军事游戏出现分化。一方面，军事游戏将更加专注于游戏娱乐功能的体现，通过军事游戏训练区别于其他训练而言，更具吸引力，更能激发和调动训练热情，寓教于乐，寓训于乐；另一方面，则为了更好地适应军事应用的发展需要，更加专注于对真实战场的模拟，以便更好地为军事服务。因此，现代军事游戏既体现娱乐性，但更加重视对抗性，重视对战争行动的模拟仿真，并力求将二者有效地统一起来。

1.3 军事游戏的主要特点

从1998年美国第一款用于军事训练的《三角洲特种部队》游戏发布以来，各种各样与军事相关的游戏不胜枚举。但是，并不一定所有的军事游戏都适合于开展军事模拟训练。适合军事游戏模拟训练的典型军事游戏必须具备以下基本特点。

1. 受众面广、容易获取

作为服务于军事训练的游戏软件，须具有不同类型军事游戏的代表性，还应具备受众面广、容易获取的特点，否则将给组训实施带来困难。典型军事游戏必须拥有一定的大众认知度，对当代新入伍士兵有一定的影响，最好是为大家所熟悉并且接触过的游戏。典型军事游戏必须是容易获取的版本，不涉及军事秘密和版权纠纷。

2. 娱乐性好、启发学习

娱乐性是军事游戏的共性。军事游戏软件与军事模拟配套软件的根本区别在于军事游戏的娱乐性，更加侧重于娱乐功能的开发。当然，这并不意味着军事游戏就只有单纯的玩乐功能，伴随着游戏娱乐的开发，也具备启发性、学习性，而这也正是军事游戏训练功效发挥的重要原因。具有娱乐性的游戏可以使人在沉浸中接受学习，这是游戏练兵的优势所在。

3. 开放性好、功能全面

为便于提高游戏练兵的效果，典型军事游戏还必须具有开放性好、功能全面的特点。要能够根据军事训练的实际需求编辑具体训练任务，配置训练任务中人员和装备数量等，具备实现军事模拟训练的基本功能。可编辑性是新型军事游戏开发所注重的一个重要技术问题。游戏不再局限于设计者的个人思维，而趋向于为游戏者提供一个开放的虚拟环境，游戏者可以自己加入个人的想象和设定。例如，可以自定义在游戏中的角色模样，可以添加自己制作的武器装备，可以自己编辑作战任务等，游戏训练空间更大。典型军事游戏还必须具备全面的软件功能，能满足军事训练的基本需求。此外，游戏还必须具备三维效果好、画面色彩逼真、仿真模拟程度高的特点，便于实施作战模拟指挥和结果评判训练。

4. 训练性强、支持稳定

典型的军事游戏，必须具有较强的训练性，具备广阔的发展前景和升级预期，还应考虑游戏公司的整体实力和技术服务，保持训练游戏软件运用的持续性。军事游戏的训练功能，要区别于一般的战棋类谋略对抗软件，也要区别于一般的军事应用工具软件，必须坚持虚拟真实战场的基本设计理念，让玩家扮演虚拟世界的某个仿真角色实行游戏过程。同时，军事游戏还必须考虑游戏开发公司的实力及技术支撑。必须选择大型游戏公司或技术实力较强公司的产品，要能保证产品的功能和性能，在技术支持上也能获得公司稳定的技术服务。

1.4 军事游戏的基本类型

军事类游戏按照网络连接的方式进行划分，分为网络版游戏和单机版游戏。无论哪种网络连接方式，从军事游戏训练的内容看，都可分为角色扮演型、指挥策略型、器材模拟型、作战训练型和作战实验型五种类型。

1. 角色扮演型

在角色扮演型军事游戏中，玩家（受训者）往往扮演游戏世界中的不同角色，如不同的指挥官、不同的兵种、不同的对立方等。游戏通过经典的军事战例为背景，使玩家更好地融入角色。玩家在游戏中主要通过与其他人物的对话或战斗升级体系来完成预设定的剧情。

2. 指挥策略型

指挥策略型游戏主要侧重点为军事策略的应用。玩家作为虚拟世界中的指挥官，在逼真的战场环境中需要领导自己的部队与对手进行抗争。该类游戏按照动态成分不同又可进一步细分为回合制和即时制。受训者与对手轮流进行行动称为回合制；受训者与对手同时进行行动称为即时制，由于即时制需要游戏者与计算机进行同时的进攻或防守，对玩家的反应能力和思维能力要求更高。

3. 器材模拟型

器材模拟型游戏与军事模拟训练器材较为相似，能够模拟真实的装备、武器训练，如舰船、飞机、坦克的操作与设计类训练。它的目的是通过在虚拟世界构建真实物件的模型和与实际相一致的参数、功能，通过游戏操控来实现某种训练功能。这类游戏大多以提高受训者的军事技能为主要目的。

4. 作战训练型

作战训练型的游戏侧重于军事作战中的各种战术、技能、意识等的训练，来实现部分军事训练课目的训练。例如，航空兵的战术训练、步兵的战术训练、战场医疗救护的训练、合同战术的训练、异国文化适应性等类型的训练等。这类游戏一般具有很强的针对性，也是各国军队开发的重点。

5. 作战实验型

作战实验型游戏通过构建虚拟战场，进行诸多作战方式方法、力量组合运用、作战过程推演等实验。通过演练和对抗检验战法、训法，用以验证现行作战理论的科学性，用于探索未来战场新规律，为促进作战理论的发展提供实验平台。这类游戏具有较强的“预实践”功能，对于创新战法、训法具有较大的促进作用，是推动军事理论发展的重要手段。

1.5 几种典型军事游戏简介

因为军事游戏模拟训练的功能丰富，所以市场上的典型军事游戏及其功能和训练效能，是我们开展军事游戏模拟训练必须充分调研和了解的重要内容。这里从现今市场上已经发行的众多军事游戏中，筛选出具备典型军事训练功能的几种游戏，从军事训练的角度分析游戏的功能，评价游戏的训练功效，为构建军事游戏模拟训练模式提供基本平台选型做准备。

1.5.1 红色警戒

Westwood公司于1997年发行的《红色警戒》（Red Alert，RA）系列（简称为红警）隶属于“命令与征服”系列，为即时战略类游戏中较为经典的一款。自Westwood公司被美国Electronic Arts（艺电）公司收购后，“命令与征服：红色警戒”也被其继续进行开发。其产品《命运与征服：红色警戒2》成为了一个划时代意义玩家必玩的即时战略游戏。

在该游戏中，“盟军”的设定是以美国为首，而“叛军”的设定则是以苏联为首的，玩家能够自由地选择国家，而后建造攻防工事而后进行决战，游戏胜负的判定方式则是以消灭地方所有兵力或摧毁敌方所有建筑物。有美国、法国、英国、德国、韩国（盟军国家）以及苏联、中国、古巴、利比亚、伊拉克、伊朗（叛军国家）等国家可以选择。每个游戏中的国家均有自己独特的武器，如苏联的“磁暴”坦克与美国的伞兵等。游戏扩展模组较多，有狂狮怒吼、中国崛起、收复台湾等，游戏至今在中国大陆仍有相当高的人气，是网吧必备的游戏。该游戏主要版本如表 1.1 所列。

表 1.1 《红色警戒》游戏系列表

发行时间/年	中文名称	英文名称
1997	命令与征服：红色警戒	Command & Conquer：Red Alert
1997	命令与征服 红色警戒：反击	Command & Conquer：Red Alert：Counterstrike
1997	命令与征服 红色警戒：余波	Command & Conquer：Red Alert：The Aftermath
2000	命令与征服：红色警戒 2	Command & Conquer：Red Alert 2
2001	命令与征服 红色警戒 2：尤里的复仇	Command & Conquer：Yuri's Revenge
2008	命令与征服：红色警戒 3	Command & Conquer：Red Alert 3
2009	命令与征服 红色警戒 3：起义时刻	Command & Conquer Red Alert 3：Uprising

在武器方面，《红色警戒》系列游戏扩展了一些科幻类的武器而非局限于常规的坦克、飞机等，如盟军中的“光棱”坦克和叛军中的“天启”坦克。不同武器所具备的不同特点相互地搭配使玩家体会到此类游戏（即时战略游戏）所带来的快感。游戏中存在的海、陆、空三个军种的不同装备，甚至可以使玩家体会到多军种联合作战的感觉。剧情设置方面，真人拍摄的游戏过场，给玩家带来一种像是在看战争电影的感觉。

该游戏主要可应用于军人的战略统筹能力训练。包括：

（1）对战略地形的利用训练，游戏中要善于通过观察地形把握对军事进攻方向的区分，对高山、平原、河流、洼地对部队机动等的影响要了如指掌，对于各种重型装备利用地形隐蔽、发挥火力等都有较好的训练意义。

（2）对情报信息的利用训练，《红色警戒》中战争情报的运用体现得非常明显，不仅在角色设置上有特务、间谍、修理工（可霸占对方“油井”变为己方经济来源）等人物角色，而且对地图实行“隐藏”模式，需要自建卫星、雷达站来进行信息侦测，非常能体现信息化战争中信息制胜的因素。

（3）对武器装备的组合运用训练，游戏中虽然有些装备在现实中并不存在，但是各部分装备之间战力、机动力、防护力之间得到有效均衡，任何一方都不是真正的强者，需要多方式组合运用各种装备才能达到整体战略的目的，对于锻炼军事人员的计算统筹能力具有重要的意义。

1.5.2 战地

众所周知，《战地》（Battlefield，BF）系列游戏中绝大多数的作品是以第一人称进行射击游戏，该系列游戏是由 EA DICE 公司开发并以军事题材为背景的电子游戏系列。《战地 1942》作为战地系列的首作在 2002 年上市。该系列游戏的主要卖点包括大型丰富的地图、充实的网络化对战、多种可供驾驶的载具、支持游戏中的模组等。该款游戏在近期甚至升级了对全环境进行破坏的功能。该游戏系列发行有 PC、XBOX、Mac、PlayStation 等版本，其主要版本如表 1.2 所列。

表 1.2 《战地》游戏系列表

发行时间/年	中文名称	英文名称
2002	战地 1942	Battlefield 1942
2004	战地：越南	Battlefield：Vietnam
2005	战地 2	Battlefield 2
2005	战地 2：现代战争	Battlefield 2：Modern Combat
2006	战地 2142	Battlefield 2142
2008	战地：叛逆连队	Battlefield：Bad Company
2009	战地：英雄	Battlefield：Heroes
2009	战地 1943	Battlefield 1943
2010	战地：叛逆连队 2	Battlefield：Bad Company 2
2011	战地 3	Battlefield 3

《战地》系列游戏可分为历史题材系列和现代战争系列。从第二次世界大战一直到未来的剧情设定，提供了广阔的时间维度以及虚幻的剧情，从最早的第二次世界大战同日军作战，再到过关后与俄罗斯进行战争。该游戏最多可支持 64 人同时在线进行对战。采用大幅改进的 Refractor 引擎 2 和 EA DICE 自主研发的“寒霜”引擎，令游戏的画面、声音效果非常突出，在身边的爆炸声甚至可以引起玩家震耳欲聋的感觉。大规模的破坏效果，如游戏中多数的物品、树木以及建筑物的破坏，可通过“寒霜”引擎的方式进行支持。《战地》开始在游戏中单独添加指挥官系统和小队系统，更加真实模拟了军事指挥在游戏中的实现，首次为 16 人小规模对战设计了缩减版的地图，令团队合作更加紧密，竞技性更强。

1.5.3 鹰击长空

2009年，由育碧布加勒斯特工作室开发（位于罗马尼亚）的《鹰击长空》(Tom Clancy's H. A. W. X) 系列军事游戏是汤姆·克兰西 (Tom Clancy) 设计的军事游戏系列中的首款空战题材的作品。该游戏的时间设定于2012年，游戏以科学技术的飞速发展、国家间关系的复杂紧密、军事需求的不断扩大为背景。为了进一步提升军事实力，许多国家倾向于雇佣私人军事公司的精锐雇佣兵部队。雷克雅未克公约的私人组织一步一步逐渐地合法化私人军事公司的地位，进而大大地提升了他们的军事权力。私人军事公司势力不断地扩大引起了各国政府的关注，于是政府开始采取军事行动以制止其扩张。该游戏主要版本如表3.1所列。

表1.3 《鹰击长空》游戏系列表

发行时间/年	中文名称	英文名称
2009	鹰击长空	Tom Clancy's H. A. W. X
2010	鹰击长空2	Tom Clancy's H. A. W. X 2

玩家在《鹰击长空》系列游戏中的主要任务是抵抗腐败当局及其部队，保护岛屿上的人民。该游戏拥有大量丰富的作战任务、逼真且完全的三维环境、支持多人的网络游戏对战，并且能够充分地展现战斗直升机的各项功能。游戏中甚至通过敌机和友机都可以进行攻击并摧毁的方式来体现游戏的真实性。此外，通过网络能够与其他玩家同场竞技，比较出谁是最优秀的飞行员。根据其官方发言人的介绍，游戏地图的使用是根据高质量的卫星拍摄照片制作而成的。在玩家进行游戏战斗时，一旦在空战中被导弹所追踪，玩家可以第一时间将画面调整为较为开阔的第三视角进行战斗。《鹰击长空》系列游戏在军事训练方面的特色在于，能够根据实际空战的需求，单独设立新手训练系统(ERS)，用来训练新手飞行员成为优秀部队的成员，这对后续军事游戏的发展提供了新思维。ERS与现实飞机模拟训练器非常类似，编制了雷达、来袭导弹探测、防坠毁系统、损害控制系统、战术地图、信息中继、武器弹道控制和玩家指令控制等系统。第三视角摄像机镜头也在游戏中提供使玩家更好地控制自己的战机，在第三视角下，玩家能够让飞机较为轻松地实现像“普加乔夫眼镜蛇机动”这样的特殊动作，甚至通过游戏自带的“声控攻击系统”，玩家可以通过麦克风用语音控制导弹发射，这些创新发展了军事游戏的模拟训练功能。

1.5.4 使命召唤

《使命召唤》（*Call of Duty*）系列游戏是由美国 Activision 公司（动视）所推出的第一人称射击游戏（First Person Shooting game，FPS）。2003 年发行了第一版本，发行以来，一直受到世界各地游戏玩家的喜爱，是 FPS 中的经典游戏之一。游戏可分为历史题材系列和现代战争系列。该游戏系列发行有 PS、XBOX、WII、NDS、NGC、PC、手机等版本，其主要版本如表 1.4 所列。

表 1.4 《使命召唤》游戏系列表

发行时间/年	中文名称	英文名称
2003	使命召唤	Call of Duty
2004	使命召唤：联合进攻	Call of Duty：United Offensive
2004	使命召唤：决胜时刻	Call Of Duty：Finest Hour
2005	使命召唤 2	Call of Duty 2
2006	使命召唤 3	Call of Duty 3
2007	使命召唤：胜利之路	Call of Duty：Roads to Victory
2007	使命召唤 4：现代战争	Call of Duty 4：Modern Warfare
2008	使命召唤：战争世界	Call of Duty：World At War
2009	使命召唤：现代战争 2	Call of Duty：Modern Warfare 2
2010	使命召唤：黑色行动	Call of Duty：Black Ops

3D 引擎设计的提出与应用，一方面提高了游戏画面的细腻性，另一方面在即时光影、火光、烟雾、爆炸等效果的呈现上也显得更为逼真，使玩家在游戏的同时有身临其境在战斗的震撼。玩家在游戏中甚至支持使用烟雾弹，或是通过烟雾来隐藏自己的行踪，游戏同时支持各种晨昏光影变化、气候变化所产生的视觉隐匿效果，进而使游戏的战斗过程显得更逼真。游戏战场模拟的范围也变得更大，包含了地球上大部分区域，也涵盖了多样化的地貌地形（平原、沙漠、丘陵、雪地、城镇等），对于四季变化、晨昏变化、各种气候变化等效果都有较好体现，这些都会对开展军事游戏模拟训练创造更好的沉浸感。

1.5.5 光荣使命

《光荣使命》宣布其研发成功，填补了国产的军事游戏的空白，作为第一款国产 FPS 军事类游戏，该游戏由无锡巨人公司与南京军区于 2011 年 5 月 12 日联合发行。该游戏以一名战士在军营中的生活为背景，以其参加代号为

“光荣使命”的实兵军事对抗演习为主线，该游戏设置了“基础训练、单兵任务、班组对抗”三个模块，是一款涵盖军、政、后、装等基础知识的军事游戏。据了解，游戏中编制了大量符合我军特色的人物和武器装备载具，包括武装直升机、坦克、装甲车等，提供了逼真的大范围战场环境模拟，可以进行多兵种联合进攻的演练。

各个游戏模块设计上也别出心裁，为了通过新兵训练、专业训练、综合训练项目，提高战斗力指数，同时使新兵感受到浓厚的政治氛围和火热的军营生活，在基础训练模块设置了文化活动中心、军史馆、专业训练中心、综合训练场等。单兵任务模块主要是针对实兵演习的过程，选取了具有对抗性和可玩性的战斗环节作为游戏关卡，游戏角色通过逐一闯关来体验战斗过程，提高信息化条件下的战场处置和心理适应能力。班组对抗模块最多可支持 32 人同时上线，红蓝双方联机组队，按照选定场景中的规则战斗，提高相互间协同配合的能力。

游戏中复杂的战场环境设置、灵活的战术思想、浓郁的战斗气息，都充分体现了我军特色，拓展了模拟化训练的空间和渠道，得到了业内专家的肯定。一些试玩后的官兵这样反映到：“游戏玩起来感觉十分亲切、打起来很过瘾、很带劲，指挥口令、战术动作在游戏中使用的十分得当，很像一本通俗易懂的军事教材。”

据最新了解的情况，相关的研制单位将对游戏软件在现有基础上进行充实完善，主要改进的目标为：增加军兵种要素、更好地体现信息作战、体系作战等现代军事，以满足部队官兵文化娱乐和军事技能学习的需求，使这款游戏更加贴近部队实际。改进后的游戏软件将首先对部队单位下发进行试用。

1.5.6 其他几款典型的军事游戏

以上介绍的是国内外几款典型的军事游戏，除此之外，还有像《反恐精英》《三角洲特种部队》《狙击手》《英雄连》等一批颇具影响力的军事游戏。与上述几款军事游戏相同，这些游戏的设计都融入了大量的军事元素和仿真度极高的战场环境，涉及反恐、暗杀、兵种配合、战术运用等多种军事技能。与此同时，随着科技的进步，新一代的军事游戏层出不穷，如可以在互联网上对战的《穿越火线》，画面效果更加逼真的《荣誉勋章》等。未来，这些军事游戏的使用，将会为士兵感知战场，提高作战技能提供巨大帮助。图 1.1、图 1.2和图 1.3 分别为《反恐精英》《狙击手》《英雄连》的游戏海报。

图 1.1 《反恐精英》游戏海报

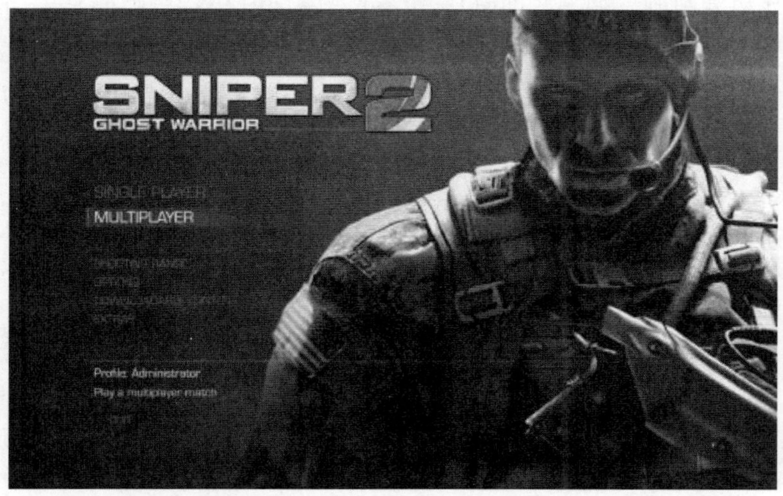

图 1.2 《狙击手》游戏海报

图 1.3 《英雄连》游戏海报

1.6 军事游戏功能特点

1.6.1 军事专业性特征

军事游戏本质上属于游戏，与普通游戏的界限之间存在着模糊地带。俄罗斯方块这样的休闲游戏很容易排除在军事游戏之外。但是普通战斗游戏与军事游戏存在着共同点。普通的作战类游戏仅仅拥有象征性的冲突，只是以娱乐休闲为游戏目的。军事游戏与普通游戏的设计思维有明显区别。普通游戏往往强调休闲功能，游戏可玩性以取悦玩家为目的。只要能达到这个目的对于游戏的设计几乎没有限制。例如，即时战略游戏《帝国时代》反映的是不同文明之间的冲突，游戏制定了完善的生产与经济发展模式。该游戏属于经营性即时战略游戏。但是，游戏在作战方面存在违背军事逻辑之处。例如，角色与场景比例严重失调，如骑兵与城墙高度相差无几。胜负判断也不科学，骑兵可以用剑砍倒城墙，这情况在现实战场上几乎不可能发生。

军事游戏的设计需要涉及专业的军事理论，足以反映真实战场的数据，严格按照时间、空间逻辑顺序的游戏规则，能够尽可能逼真地反映现实战争。同样是即时战略游戏的《英雄连》，将游戏定位于连排级部队的小规模冲突。游戏中的角色与场景比例按照真实比例设计，如步兵与建筑和坦克之比符合现实世界中人与坦克的比例。游戏中的胜负判断客观严谨。游戏中机枪手如何努力也不可能摧毁坦克，而反坦克炮可以攻击坦克的不同部位产生不同的毁伤效果。所以《英雄连》拥有军事游戏的基本特征。由此可见游戏设计中每个要素都有自己的状态，每一个要素都有它自身的取值。因此，游戏世界也就是游戏中的所有元素的集合体。即使相同的游戏要素被赋予不同的状态，就有可能打破军事游戏与普通游戏之间的界限，而这种取值起决定性作用的是设计思维。

1.6.2 军事游戏的受众群体特征

普通游戏的受众通常为民间大众，军事游戏的受众除了民间玩家还会考虑到专用于军队仿真训练的专业军事人员。所以军事游戏在开发之初就需要将未来的用户群体进行定位。《光荣使命》在开发时针对的用户虽然是解放军，但是为今后发行改为民用市场留下了修改余地。《美国陆军》也是专门研发的军事游戏，但一开始就以民间普及为目的。《使命召唤》是纯粹出于民间商业娱乐的军事游戏。虽然军方没有公开声称将其用于训练，但由于其在作战仿真表现出的专业性、高度仿真性，同样被军队认可。军事游戏如果面对的用户是军事人员，那么对于军队各兵种的专业划分及任务需求要有深入了解，尤其要考虑任务中将有哪些人员参与。军队中严谨的军衔、兵种、任务分工要求军事游戏的类型有所划分。例如，陆军需要第一人称射击游戏（FPS），或者模拟坦克作战的模拟类游戏，空军需要飞行模拟类。策略类的任务比较适合指挥决策人员。技术性较强的兵种如雷达兵需要操作雷达的仿真游戏。战争通常会涉及对平民影响，因此在军事游戏设计中会加入平民的游戏部分。例如，警察解救人质的游戏中，就有让平民操作人质角色配合警察完成任务的部分。这种军民合作的军事游戏，有助于培养民众在战时的自我保护常识。

当军用版军事游戏需要向民间市场输出时，出于国防安全的考虑，对部分技术有保密的要求。军事游戏对民用市场的发行通常较为迟滞，甚至永远不对民用市场发行。目前，民间可接触到的军事游戏有些分成军用保密版和民用版。从军事游戏在民用市场的覆盖情况来看，军事游戏的个性较为独特，要求玩家有一定的军事常识和激烈对抗下的反应能力。再者，此类游戏对硬件平台有较高的要求。这些因素注定军事游戏在民用娱乐领域是一种相对小众的游戏。军事游戏在民间的推广很大程度上由玩家的态度决定。

1.6.3 军事游戏的时效性特征

军事游戏在军队辅助训练的运用存在时效性。例如，仿真拿破仑时代的游戏，对于研究当今的战术效果就会打折扣。虽然游戏基本的战略思想目前基本不会过时，但是因为武器、环境等因素和现代的差距较大，作战理念也有所不同，所以对现代战争的参考意义也不同。因此，军事游戏设计的世界观、角色、武器、人工智能要素需要与时俱进才能反映真实军事的发展。但是对于普通娱乐游戏而言不存在这种时效的障碍，甚至原始而久远的战争更具有娱乐性。

1.6.4 军事游戏的功能性特征

军事游戏自身的娱乐属性也可用于民间娱乐。游戏提供了一种虚拟的结局，但却能产生实在的成就感。成就感几乎任何人都渴望有。另一种与成就感相适应的需求是休闲，这是当人疲劳的时候所希望的东西。人疲劳的时候对休闲的需要上升，也就是希望紧张能够得到放松。但军事类游戏大都不能很好地起到休闲作用，紧张而严格的游戏任务反而增加人的紧张感。由此可见，军事游戏要能够在对大众娱乐方面获得普及，就不能完全照搬军队训练的那一套。就好比普通游戏就难以适应军事需求。国外的经验是一款军事游戏如果既要用于民间娱乐，又要用作军事训练，就会开发军用和民用两个版本。如果游戏面向的人群是普通玩家，对于一些机要的数据需要进行保密性修改，同时过于专业的操作方式和仿真性应该适当地简化，以满足玩家短期的适应能力。这里有一个借助民用军事游戏逆向开发军用游戏的案例。飞行模拟类游戏 falcon 模拟 F－16 战斗机，原本这并不是一个十分复杂的游戏，但是几个美国退役 F－16 飞行员聚在一起别出心裁地改写了游戏代码。他们的目的是让游戏尽可能地真实，重温当年的军队生活。以至于界面中原本只是起装饰作用的仪表也被赋予了实际功能，这大大增加了游戏操作的复杂性。游戏发行之后还配套一本厚厚的飞行手册。制作游戏者可谓良苦用心，但结果是除了真正的飞行员以外普通玩家竟然罕有人能使飞机起飞，大多数玩家连看完手册的耐心也荡然无存。这样的一款游戏就沦为了 F－16 迷的收藏之作，而游戏性本身已经不重要，这几乎抛弃了大众娱乐的目标。

1.6.5 军事游戏开发过程特点

军事专业素养的准确表达是军事游戏的重要指标之一。因此在军事游戏的开发过程中，游戏的流程和内容会涉及较多的军事专业背景。即使面对民用市场，制作团队也必要调研军事相关的，如武器参数、图片资料、史实等材料。因为军事类游戏不允许有其他游戏类型可以出现的夸张、离奇、荒诞等游戏表现。因为军事专业素养的准确表达是军事游戏的重要本质。如果游戏需要应对军方模拟训练的需求，制作团体更需要与军方紧密合作以获得军方技术支持，因为普通游戏制作团体往往不具有这些专业素养。涉及军事保密的数据必须由军方人员单独制作而不能公开。在制作过程中可能会出现游戏创意与现实流程相冲突的地方。普通游戏的创意是灵活而少有约束的，军事游戏许多内容是受到限制的。为了符合游戏的仿真性、纪实性，制作团队在整个过程中需要花很多精力和军方沟通，制作最后阶段还会有专业的军事人员试玩以检验游戏的军事专业性。

1.7 军事训练游戏化

1. 游戏化训练的基本内涵

游戏化训练，顾名思义，就是指像玩各类游戏一样所进行的训练，也可理解为采用游戏化的方法或手段、自发性的或有计划、有目的的训练。同理，军事领域的游戏化训练，也可称军事游戏化训练，可以理解为利用“能够满足现代战争对参战主体多方面素质培训需求的计算机游戏”所进行的自发性或组织性的、有目的性的训练。本书所定义的“能够满足现代战争对参战主体多方面素质培训需求”的计算机游戏主要是指具有上述定义特征的专项软件或者综合软件，可分为作战角色扮演类、益智训练类、心理训练类、战术训练类、谋略训练类、综合训练类六类军用游戏。定义中的自发性是指军队人员根据个人爱好自主选择所进行的军事游戏化训练；组织性是指军队训练系统根据训练计划组织的军事游戏化训练；目的性是指这些训练都是有一定目的的、都是为了提高作战素质而进行的训练。军事游戏化训练应该是一种自发性和组织性相得益彰的训练，其组训模式既要突出受训对象的个性爱好，也要彰显鲜明的军事纪律性特征。

2. 游戏化训练的基本功能

相比组织性、纪律性、目的性体现不足的单个游戏过程来讲，采用游戏化的手段和方法所进行的军事训练，其功利性表现得就尤为突出和集中。第一，游戏化训练在虚拟的网络环境中进行，不需要实兵实装投入，能够极大地节约军事训练经费投入；第二，游戏化训练使受训对象足不出户就能感受到不同作战样式下逼真的战场环境，极大地节约了开展军事训练的时间和空间，使同样效果的军事训练在极短的时间和极小的空间内可以成百上千倍次数地发生，极大地提高了军事训练效率；第三，游戏化训练具有先天的“方便性、挑战性、刺激性、逼真性、可重复操作性”等特征，能够激发受训对象的受训热情与激情，提升训练层次与水平，培育军队打赢信息化战争必备的高强度、高压力下的战斗精神和素养；第四，游戏化训练所表现出来的娱乐性、协作性、益智性等特征对于贯彻落实以人为本的科学发展观，增强受训官兵的协作意识，开发挖掘受训官兵的智力，促进其全面发展，都具有很现实的功利目的；第五，游戏化训练所演绎的战争虽与实际的战争样式和战法有一定差别，但对于创新未来战争作战样式和战法，演绎网络数字世界的游戏化战争具有重要的开拓意义。因此，军事游戏化训练的基本功能可概括为：以人为本、促进受训官兵全面发展；面向实战，提高训练主体参与的主动性；效率为先，节约军事训练时间和空间；资源节约，提高军事训练经济效益；创新战法，演绎未来游戏化战争。

3. 游戏化训练的理论基础

1）个人全面发展与信息化战争人才素质需求理论

一般意义上的军事训练所解决的是体育的问题，而个人的全面发展所需要的智育和技术教育还需要通过其他训练手段和方法来解决。在我军现行的军事训练体制中，受训对象的智育和技术教育问题一般由军事院校来完成，或者通过部队集训办班的方式来解决。这种训练方式暴露出来的训练周期长、成本大、效果差、与部队正常工作训练脱离等弊端不容忽视。与此相矛盾的是，信息化战争对参战主体的素质需求越来越为全面和迫切，对以系统素养、信息素养为代表的智力素质要求越来越高，且越来越表现为知识与智力之间的较量。

游戏化训练不仅能够促进受训对象的智力开发，促使其高效地掌握各项操作技能，而且对于弥补一般体育层次上军事训练功能的缺失，满足信息化战争对军事训练的要求都非常有益处。

2）科学发展观理论

科学发展观是我党新时期做出的重大理论创新，其核心理念是坚持以人为本，保持整个社会的全面、健康、协调和可持续发展。在军事训练领域，落实科学发展观就必须坚持以受训官兵为根本，广泛调动广大受训官兵的积极性和参与激情，不断创新，才能促进军事训练的健康发展。目前，军队绝大多数训法、条令、条例依然是来自院校和机关，基层受训官兵只能扮演坚决执行者的角色。毫无疑问，作为信息时代的新生事物，游戏化训练对于充分挖掘广大基层受训官兵参与军事训练的动力和潜力，激发自主训练和联合协作训练的激情，对于创新信息化条件下作战战法，能起到很好的推动作用。科学发展观还强调以较少的投入获得较大的产出，实现可持续发展。相比于传统的军事训练模式，在游戏化训练模式下，组训方式灵活多样，训练周期大大缩短，物力成本极大节约，边际效益逐年递增，能较好地实现军事训练可持续发展。

3）传统学习心理学理论

根据我国古代思想家、教育家的言论，学习过程可划分为七个阶段：一是立志；二是博学；三是审问；四是慎思；五是明辨；六是时习；七是笃行。学习的这七个阶段，除第一阶段涉及动机外，其余六个阶段都直接与人的智力因素有关。即是说，只有在学习的过程中积极地运用人的观察力、记忆力、想象力、思维力，学习才能取得应有的效果。与学习效果相对应，军事训练效果也与参训对象智力因素运用密切相关。如果在军事训练过程中，参训官兵受到主客观条件影响，不能很好地运用个人的观察力、记忆力、想象力和思维力等智力因素，军事训练将极难取得明显成效。与传统的军事训练模式相比，游戏化训练能够提供虚拟逼真的战场环境和身临其境的声像效果，能够在感官上和心理上充分刺激和挖掘参训对象的观察力、记忆力、想象力和思维力等智力因素，提高受训对象的主动参与动力，极大地提高军事训练的综合效果。

军事训练中智力因素固然重要，非智力因素同样不容小觑。我国古代许多思想家、教育家的著作和教学实践都涉及了非智力因素的问题。首先，这些思想家、教育家十分重视兴趣在学习中的作用。孔子最早即提出了“知之者不如好之者”的命题，他认为，在学习中学生不仅需要有学习兴趣，还要对学习有情感，即乐于学习。在传统的训练模式中，参训人员的兴趣、情感、意志、性格等非智力因素往往受到漠视，其严肃性往往只考虑磨砺官兵意志，追求一种大一统的服从意识。游戏化训练则在保持军事逼真性和严肃性的同时，也不断地在追求着一种刺激性、挑战性和娱乐性。游戏化训练的这三种特性在受训对象面前展现出一种强烈的亲和力和诱惑力，使受训对象难以克服自己的理性，自觉或不自觉地便会投入并沉浸其中。可以预言，游戏化训练的这种魔力是任何一种训练方式都无法比拟的，也是现代科学难以解释清楚的。

4. 游戏化训练的基本特征

1）简便性

游戏化训练依托计算机网络进行，不需要依托训练基地进行大规模的兵力装备调动、部署和展开以及攻防转换，组训方式灵活多样，演练操作简便快捷。

2）逼真性

游戏化训练所依托的战场环境、声像效果等完全依据真实情况进行虚拟设置，受训官兵只要准备好相应的软硬件设备，即可像在真实的环境下进行训练一样，沉浸感强。

3）挑战性

游戏化训练科目内容竞争性强，可以在网上的参训对手之间，也可人机对弈，对每一个受训对象来讲，每一个关卡，每一次抉择，每一场胜利，都具有很强的挑战性。

4）刺激性

游戏化训练所营造的战场气氛紧张，受训对象感观和心理承受压力大，注意力高度集中，任何小的干扰对受训对象可能都会造成大的刺激。

5）娱乐性

游戏化训练在满足军事训练严肃性、精确性等特殊要求的同时，综合考虑了游戏本身的娱乐性要求，寓娱乐于训练之中。

6）协作性

游戏化训练一般都依托网络，根据充当的角色多用户团队协作运行，为增强受训官兵的团队协作精神做一些技术上的铺垫。

7）益智性

游戏化训练与传统的军事体能训练相对应，主要用于受训官兵作战指挥能力、战役战术素养、辅助决策等方面的智力训练。达不到益智效果的游戏软件，不能运用于军事训练。

8）安全性

游戏化训练是最为安全的一种训练方式，可以实现足不出户，在虚拟的网络世界里任意遨游，危险系数基本为零。

9）节约性

游戏化训练是最为节约的一种训练方式，以较少的成本投入即可获得较高的战斗力产出，且边际效益递增。

10）可重复操作性

游戏化训练所依托的计算机软件可以重复操作、不断改变作战方案和作战行动，直至取得最佳作战效果。

5. 游戏化训练的重要意义

我军在军事计算机游戏应用方面还处于探索阶段，目前只有南京军区于2011年发布了名为《光荣使命》的游戏软件，开创了我军自主研发军事计算机游戏的先河，但在军事训练领域这项建设仍然处于空白状态，因此开发具有我军特色、适合我军教育训练需要的军事计算机游戏，是新形势下推动我军教育训练模式创新和提高训练效益的重要手段。在军事训练领域研发和应用计算机游戏的意义主要有以下几个方面。

（1）利用计算机游戏构建虚拟战场环境实现实战化训练。目前的计算机游戏技术及设备，已经能够近乎真实地构建三维立体的虚拟战场。虚拟战场环境是以数字地图为基础，利用战场环境仿真技术构建的多维信息空间，其主要特点是"可进入"，即在计算机的显示器上"走进"虚拟战场，既可以看到山峦沟壑，也可以感受到战火纷飞、硝烟弥漫，在这样的环境中，指挥员可以获得充足的战场信息，拥有决策优势，贯彻各种战术思想，体会运筹帷幄的惊心动魄，士兵可以熟悉战场环境，适应战场氛围，训练战斗技能和坚忍的意志，当他们真正上战场时，已经就是熟悉战场环境的老兵了，这在传统的训练场和演习场是难以做到的。在计算机游戏的虚拟战场环境中训练部队，是和平时期军队进行实战化训练的最有效方式。

（2）利用计算机游戏实现对抗训练。长期以来装甲兵部队和院校训练最突出的问题是训练缺乏战术背景和对抗，部队官兵和院校学员普遍反映，无论是射击模拟器训练还是实弹射击训练，都只是单纯的打靶训练而没有任何对抗的意味，即使使用现有的激光模拟对抗手段训练，也很难体现逼真的战场氛围。而对抗正是计算机游戏的基本特点，通过在游戏中构建虚拟战场，设置武器平台，可以逼真模拟交战双方的激烈对抗，将战场特有的压迫感融入训练中来，从而使战术训练、指挥训练、协同训练得到深化和升华，使参训者在训练战术、技术的同时，也培养锻炼了军人应有的意志品质，提高了敢打必胜的综合素质，这在传统训练场和演习场上是难以做到的。

（3）利用计算机游戏实现全科目训练和进行战法研究。战术训练历来是部队战斗技能的综合性训练。目前装甲兵部队和院校战术训练以阵地攻防战斗为基本训练科目，同时根据不同战区部队担负的作战任务分别设定应用训练科目，主要有登陆战斗、近岸岛屿进攻战斗、城市攻防战斗、高寒山地攻防战斗、穿插迂回战斗、边境封控战斗、特殊条件下攻防战斗等应用科目。但长期以来因场地和各种保障条件限制，部队和院校都难以在真实地形和实际规模上充分实施训练，如具有现实指向性的边境封控战斗、高寒山地战斗。而利用计算机游戏则可以虚拟构建实际战场环境和天候条件，模拟交战双方的各种方案，练指挥、练协同、练保障、练意识，并通过反复训练研究和创新战法，提高遂行作战任务的能力。

（4）利用计算机游戏训练和验证新装备。计算机游戏运用模拟仿真技术，使受训者通过游戏学习并模拟操作新装备，即使没有新装备的部队，也可在游戏环境中学习新装备知识和掌握新装备操控技能，在这方面美军已经取得了成功的经验。

（5）利用计算机游戏增强训练的趣味性真正实现寓教于乐。计算机游戏是当前这个时代广大青少年从事学习和娱乐的重要工具，据一些媒体调查统计，在12~17岁的青少年中，利用计算机玩游戏的人群占到了73%。作为在计算机游戏的陪伴下成长起来的新一代，计算机游戏作为一种教育训练方式更易为广大青年官兵所欢迎和接受，在游戏中训练将会产出更加巨大的训练效益。此外，相对于现行配发装甲兵部队和院校的训练模拟设备、器材，以及各种模拟训练中心，计算机游戏将是更经济、更受欢迎的模拟训练方式和手段。

1.8 军事游戏发展趋势

网络通信技术、计算机模拟仿真技术、虚拟现实交互技术的进步，极大地推动了军事游戏模拟训练的发展，使得军事游戏模拟训练呈现出分布交互式训练、智能对抗化训练、平台一体化训练和虚拟立体化训练等发展趋势。

1. 分布交互式训练趋势

随着网络通信技术、计算机模拟仿真技术、虚拟现实交互技术的进一步发展和应用，军事游戏模拟训练将发展为可以依托计算机网络把分布在各地的不同单位、不同种类的军事游戏训练系统有机地连接起来，展开跨军兵种、单位的异地同步训练。可以满足部队首长机关、基层军官、院校、科研单位联合进行课程开发和训练研究，可以有效锻炼和提高各军兵种之间联合作战及协同作战的能力。

2. 智能对抗化训练趋势

将人工智能技术引入军事游戏模拟训练领域，使得军事游戏的智能程度得到大幅提高，在一定程度上增强了游戏模拟训练的对抗性、真实性。依托发展中的游戏智能技术，游戏智能角色开始逐渐具备越来越多的人类智能，能够模仿人类从事一些诸如推理、判断、决策等智能活动，具备自我学习、自我修复、自我规划、自我寻优、自我搜索、咨询、记忆、联想与推理等功能，从而逼真模拟决策思维的过程，这将极大提高军事游戏人机对抗的智能水平，推动人机对抗训练的发展，从本质上提高军事游戏模拟训练的逼真性和机动灵活性。

3. 平台一体化训练趋势

军事游戏的平台一体化模拟训练，是指运用网络和计算机技术，把军事游戏训练系统和多种模拟训练系统融合在一起，建立一个具有多层次结构、集多功能于一体、满足联合作战需要的统一的模拟训练系统。新的平台一体化训练不但能够更好地满足部队和院校训练的要求，而且能够应用于作战指挥和战略决策的训练，也就是要使军事游戏模拟训练系统具有部队训练、作战指挥和战略决策三位一体的功能。

4. 虚拟立体化训练趋势

虚拟立体化就是采用计算机技术、虚拟现实技术等，通过构建游戏模拟训练实验室，将模拟器材和虚拟战场环境设备，广泛运用于游戏模拟训练，人工地创造出部队信息化训练需要的“近似真实的虚拟训练环境”，使受训者在一个虚拟但又十分逼真的三维世界里全身心地投入到“真实”的训练中，并与“环境”对象实时交互，互相影响，使受训者产生与在真实作战环境下等同的感受和体验。

第2章 军事游戏模拟训练概述

众所周知，利用模拟器材进行训练是军事模拟训练的一种方法。而军事游戏本身就是一种虚拟仿真的模拟平台，它与部队模拟训练器材具有非常相似的特征，都是采用模拟技术对部队体制编制、武器装备、作战环境、战技术运用等进行的现实模拟。把军事游戏作为模拟训练的一种具体手段，达到一定的军事训练目的，也就产生了军事游戏模拟训练。因此，我们可以说，军事游戏模拟训练是军事游戏应用于军事模拟训练的产物。

军事游戏模拟训练是军事游戏和军事模拟训练有机结合的产物，以游戏为载体平台，设定作战环境条件、命令等参数来实现贴近实战化的作战模拟。随着信息技术在军事领域的深度应用，军事游戏模拟训练应运而生，并成为部队开展训练、院校开展教学的一种创新手段。由于我军信息化建设水平落后于西方发达国家，因此我军军事游戏模拟训练起步较晚，水准较低。为加快推进强军梦的实现，深入开展我军军事游戏模拟训练的研究十分必要。

军事游戏模拟训练是指利用能够满足现代战争对参战主体多方面素质培训需求的计算机游戏所进行的自发性或组织性的有目的的训练，也可称为军事领域的游戏化训练或军事游戏训练。军事游戏模拟训练是信息化条件下建立在军事游戏软件基础上的一种创新训练手段。与传统模式相同的是，其目的和本质都是基于技术、理论、装备等要素模拟实战，并通过训练来不断完善战术、熟悉装备、优化战法和提高作战能力等。但较传统模式相比，军事游戏模拟训练更具有时代特征性，更符合新时期青年军人的心理和生理需求，具有较大的吸引力和可操作性。

更重要的是这种虚拟训练手段可以超越时间、空间，打破常规训练的制约，通过信息化技术无限延长训练时间、扩大训练空间，提升训练效益水平，极大降低训练物资装备损耗和训练伤病的出现。不仅如此，通过“组队”方式模拟班小组等团体遂行作战任务或非战争军事行动，可以提升官兵对团队配合、协同作战的理解；通过“联网”方式构建指挥平台进行模拟指挥，可以提高指挥员联合作战指挥能力，丰富其决策经验。因此，军事游戏模拟训练作为模拟训练的一种有效手段，越来越成为信息化条件下强化官兵素质、学习研判战争的重要平台，成为军事训练中不可或缺的一环。

进一步从发展的角度看，军事游戏已经历了从一维到二维再到立体乃至多维感官的发展阶段，目前军事游戏对战场的刻画也愈渐逼真，诸如反映不同飞行速度的子弹对靶目标的不同击毁程度、天气变化对战场环境的影响、光影效果的实地变化等细节的描绘都在技术的发展中逐渐成为现实可能，使得受训者具有“身临其境”的现实感觉。此外，声、光、气味等要素的加入，让军事游戏的仿真效果大大增强，极大地提高了训练效益。因此，军事游戏模拟训练在推动我军未来信息化条件下军事训练创新发展上必将有大的空间和更广阔的前景。

1. 外军高度重视军事游戏模拟训练的研究，运用广泛、成果丰富

受益于计算机革命的迅猛发展，以美国为代表的西方军事大国很早就把注意力投向军事游戏。特别是海湾战争之后，信息化条件下局部战争更极大地推动了这些国家对军事游戏的研究。军事游戏作为教育训练军事人才的新平台，其训练效益和作用不断凸显，在战法研究、培育能力等方面都显示出了不可替代的巨大应用价值。在阿富汗战争等军事行动中，军事模拟训练在为美军提高遂行战场作战能力、熟悉战场环境和减少人员伤亡等方面发挥了积极作用，受到了美军官兵的广泛关注和认可。

近年来，美军开发了近百种军事游戏用以辅助部队训练。其内容随着美军编制体制的调整、武器装备的发展和战略战术的革新不断得到丰富和完善，从单兵训练到班组、营协同乃至师旅联合，从徒手格斗到高新武器应用，从舰船航空母舰到新式战斗机，可谓应有尽有，门类齐全。丰富完善的训练内容和高度逼真的仿真条件极大地提高了美军实战化条件下的遂行作战能力。根据美国一份调查显示，从未参加过实战的飞行员在首次执行任务时生存的概率只有60%，而经过游戏模拟训练后，生存的概率可以提高到90%。当前，美军一方面从虚拟延伸到现实，以军事游戏模拟训练的行为为背景，以军事游戏模拟训练的结果为基础，开发了配套实物化训练器材，构建了实物虚拟一体化的训练平台，进一步提高军事游戏的训练效益；另一方面，将军事游戏模拟训练的收益大幅运用于新型军事游戏的开发研究，形成了良性循环。2011 年，仅美国陆军分布式仿真训练系统（Distributed Simulation Training System，DSTS）的预算就达到5700 万美元，不难看出，美军已经建立形成了一套集开发研究和应用反馈为一体的成熟完善的军事游戏模拟训练机制。

除了美国，法国、德国、俄罗斯和捷克等国家也积极参与到军事游戏的研究和发展工作中，并全面普及军事游戏模拟训练，实现“游戏练兵”。

2. 我军开展军事游戏模拟训练整体落后，经验不足，亟待加强

我军是一支在实战中摔打锤炼成长起来的人民军队，更倾向偏重于“真枪实弹”的训练方法，而轻视忽略“鼠标键盘”的训练模式。游戏也一直被作为“玩物丧志”的代表，仅作为一种娱乐方式被消费。因此军事游戏一度被否定，其积极作用得不到推广应用，随着世界范围内游戏练兵的兴起，我军才开始重新审视和评价军事游戏的现实意义和对训练的正面价值。2011 年 6 月面市的《光荣使命》是真正意义上我军军事游戏模拟训练的开局。作为我军军事游戏模拟训练的首款军事游戏，《光荣使命》制作精良、品质上佳，但与西方成熟的军事游戏体系相比还有较大差距，在院校教育、部队训练的应用上，我军军事游戏研发任务仍然任重而道远。

显然，加快推进军事游戏的研发及其在模拟训练中的应用具有很强的现实紧迫性，是一项艰巨而又重要的使命。必须要立足于我军现状，结合我军训练实际，有甄别地分析和借鉴外军，加快形成具有我军特色的军事游戏模拟训练内容和体系，逐步把军事游戏模拟训练发展成为我军军事训练不可或缺的重要手段。

军事游戏的产生及其在军事训练领域的广泛使用，使得军事游戏模拟训练成为军事训练的一种重要形式，并受到各国军队的重视，在军事训练领域得到广泛运用。随着军事游戏训练在军事模拟训练中的作用及其价值逐渐被广泛认同，人们对军事游戏及军事游戏训练的理论探索也在不断深入。本章在回答什么是军事游戏的基础上，对军事游戏模拟训练进行深入细致地探讨，为军事游戏模拟训练模式的研究做基础性铺垫。

2.1 军事游戏模拟训练的概念及基本内涵

游戏在广义上可以理解为一切能让人们主动参与且能够带来快乐的活动。从这个层面上看，能让人主动参与且能够带来快乐的军事活动可以理解为广义上的军事游戏。当今，我们所说的游戏通常为计算机游戏，通过计算机的形式进行再现。因而，这里所说的军事游戏可以简单地理解为在计算机虚拟的环境中，由玩家主动参与且能够带来快乐，实现一定军事目的的军事活动。

2.1.1 军事游戏模拟训练的概念

回答什么是军事游戏模拟训练，首先要搞清楚什么是模拟训练。

《军语》中关于“模拟训练”的定义是：指运用计算机及仿真设备、器材，模仿武器装备性能、战场景况、作战行动等进行的训练。不难看出，军事游戏属于“模拟训练”定义中运用方法手段的一种，因此简单地讲，军事游戏模拟训练可以认为是基于军事游戏技术的模拟训练。关于这一点，目前并没有完全统一的认识。有学者认为，游戏模拟训练就是指像玩各类游戏一样所进行的训练，也可理解为采用游戏的方法或手段自发性的或计划性的有目的性的训练。因而，军事游戏模拟训练可以定义为："利用能够满足现代战争对参战主体多方面素质培训需求的计算机游戏所进行的自发性或组织性的有目的性的训练。"

军事游戏技术其实是一种虚拟现实技术，从虚拟现实的角度认识军事游戏模拟训练，军事游戏模拟训练也可认为是基于虚拟游戏技术的军事模拟训练。进一步说，它是以信息化条件下体系对抗为研究背景，依托训练法规或大纲等规定的训练课目，采用动漫游戏技术、网络技术等先进的计算机仿真技术，构建虚拟战场环境和虚拟兵力，以游戏的设计模式和操作方式，使部队用户在趣味训练中掌握训练内容，达到训练目的的一种信息化的训练方式。

2.1.2　军事游戏模拟训练的基本内涵

如何界定军事游戏模拟训练的基本内涵，涉及我们对军事游戏模拟训练活动规律性认识的把握。随着军事游戏模拟训练在军事领域的广泛开展，人们开始从认知等多个视角探索军事游戏模拟训练的科学内涵，并形成了相对统一性的认识。

1. 军事游戏模拟训练的根本性质为学习

学习是人类认识客观世界中存在的规律、存在状态以及发展趋势进而能够通过一定的途径改造客观世界的一种过程。我们把受训的对象及其他武装力量所接受的理论方面的教育、作战的技能以及军事演习等为军事斗争所进行的一切准备活动统称为军事训练。因而不难得出，军事训练最普遍的基础性任务是学习掌握军事知识和技能。

军事游戏模拟训练作为信息化条件下军事训练的一种具体形式，其主要目的是利用先进的游戏软件平台使受训者熟练地掌握军事理论知识以及相关的军事技能，全面提高受训者的整体作战能力。

首先，军事游戏模拟训练的过程是一种学习的过程。学习从字面上可以分为"学"与"习"，学通俗上来讲就是感知、记忆、分析、归纳、总结信息，习则是归纳分析了信息之后用来指导自己做出相应的反应及后续实际行动的过程。

军事游戏模拟训练也经过"学习—实践—再学习—再实践"的循环过程来获取知识、提高能力。在军事游戏模拟训练中，受训者首先接受相关军事理论知识的学习和军事技能的培训，然后在军事游戏软件高度仿真的训练环境中运用所学的知识和技能，接下来再根据游戏训练的效果总结分析自己对理论知识和军事技能的掌握程度，进而有针对性地进行强化训练，最终通过“训练—总结—再训练—再总结”的闭合循环系统，在训练进程的推进中促进军事理论知识的积累和军事技能的提高。

其次，军事游戏模拟训练是促进学习的一种有效途径。军事游戏具有真实性、互动性、随机性等特点，它有力地促进了我们对可能枯燥的知识、军事活动、军事训练等的认知和了解，激发了学习的动力和热情。这些军事训练以计算机游戏的形式呈现在我们面前，使我们能够寓学于乐，最大程度地调动了我们的主观能动性，使得学习训练效率更高、效果更好。从这个意义上讲，军事游戏模拟训练有效促进了学习。除此之外，军事游戏作为一种激励手段，能够在一定程度上提高学习者的信心。有心理学家对军事游戏玩家进行了分析，无论玩家在游戏最终成功或是失败，他们仍然会选择继续游戏来进行自我实现。综合来看，合理地使用军事游戏进行学习能够起到积极主动的作用，无论是军事技能的训练或是军事理论的教学，都能从中受益。

2. 以军事训练作为游戏主题，在游戏中贯穿军事规则

从某些角度分析，我们不难发现军事训练与军事游戏有许多相似之处。两者都需要道具与训练场地，需要按照规定要求进行施行；训练的目的十分明确，且分类清晰；训练当中需要竞争且有明确的训练评定标准作为参考；训练过程因人、物等因素而异。军事训练具有军事游戏的一般要素，军事游戏包含了军事训练的主要特征。但二者也有一定的区别，关键的不同在于，游戏是以娱乐作为目的，而训练以提高受训者的能力素质为目的。因此，军事游戏的实质就是将游戏与训练结合起来，以军事训练作为游戏主题，并设置军事规则，在游戏中训练，在训练中游戏。计算机的应用于发展，拉近了训练和游戏之间的距离。计算机模拟训练偏向于从训练程序与规则上来实现军事训练过程的模拟，而计算机游戏技术提供的逼真的视觉效果、强大的实时互动性以及特有的寓教于乐功效，可以大大增强模拟训练场景的真实性和丰富性。军事游戏模拟训练是计算机模拟训练与计算机游戏技术的融合产物，兼具了军事训练的鲜明主题和具体可行的军事规则。从理论上分析，军事游戏模拟训练必然是一种行之有效的军事训练方式。

3. 军事游戏模拟训练是军事训练方式在信息化条件下的创新发展

军事游戏模拟训练以集游戏娱乐与模拟训练于一体的军事游戏作为综合训练平台，具有传统训练模式所不具备的一些独特优势和属性。

1）简便节约性

军事游戏模拟训练所需要的仅仅是计算机网络，而并不需要训练基地进行大规模的武器装备调动、兵力部署以及攻防转换，组织训练方式灵活，且简单便捷。因此，军事游戏模拟训练可以说是一种非常节约的训练手段，通过较低的投入成本就能够提高战斗力，而且边际效益递增。

2）虚拟拓延性

军事游戏模拟训练依托计算机虚拟技术构建整体环境，可以充分实现对各种战场要素的表现，并可以在以往环境基础上根据新的训练需求不断加入新的战场要素，拓展性高。受训者在营区就能感受到不同作战样式下逼真的战场环境，从而提高部队实施各种条件下训练的广度和频度。

3）逼真刺激性

军事游戏模拟训练所依托的战场环境、声像效果等完全按照真实情况进行虚拟设置，受训者只要准备好相应的软硬件设备，即可像在真实的环境下进行训练一样，沉浸感强。军事游戏模拟训练中所营造的战场氛围十分紧张，受训者需要承担很大的心理及感官的压力，注意力需要高度的集中。

4）娱乐安全性

军事游戏模拟训练不同于严肃的军事训练，其在满足了军事训练精准性等特殊要求之后，还添加了游戏本身所具有的娱乐特性，寓娱乐于训练之中，具有突出的趣味性和吸引力，且危险系数小，可以在提高训练效能的基础上最大限度减少训练损伤。

5）可重复操作性

军事游戏模拟训练所使用的游戏软件可以进行多次的重复使用，也可以对游戏中的相关参数进行一定的调整，进而改变作战的行动或方案，达到最好的作战效果。

综合来看，建立在军事游戏软件基础上的军事游戏模拟训练是军事训练创新发展与时俱进的产物，它在调动训练主体参与的主动性，节约军事训练时间和空间，演绎未来战场，创新战法，效率为先，资源节约等方面具有独特的优势。

军事游戏运用于军事模拟训练的实践，最初始于美军在军事训练需求方面的变化和训练手段的创新。打击全球恐怖主义的战略推动美军的军事训练方式向游戏化发展方向迈进，新的国际安全形式引发的新军事需求要求美军必须采取新的军事训练方式。在打击国际恐怖主义的形势下，部队遂行作战任务的作战部署时间缩短，战术战法更加灵活机动。为此，美军必须要创新发展一种有效的符合新型作战需求的训练方法，以弥补和改善传统训练耗费时间过长、物力耗费过大的缺点和不足。随着时代的发展，兵员结构发生深刻变化，士兵年轻化趋势加强，他们是游戏的一代，对游戏有着特殊的理解、熟悉和钟爱，因此游戏练兵是针对这些士兵的特点而产生的高效训练方式，能够最大程度激发他们的训练热情，提高训练效益。所以使用游戏加强训练具有较强的针对性和可行性。

在这种背景下，美军开始尝试使用《三角洲特种部队》这一款射击类游戏来满足军事射击训练的需求，取得了显著的效果。同时，互联网技术的飞速发展使得信息的交互和共享更加容易，游戏训练的门槛大大降低，计算机软、硬件技术的发展成熟使得高性能计算机得到普及，“高大上”的大型三维游戏已经“寻常百姓家”，几乎成为司空见惯的娱乐产品，网络的快速发展使得传统人与机器的直接对抗演化为人与人之间的智力对抗，这些因素都推动了军事游戏的发展。

2.2 军事游戏模拟训练的内容

训练内容是军事训练的核心要素，也是军事训练创新发展的关键所在。军事游戏不能对所有军事训练的内容进行模拟，因此，军事游戏模拟训练也就不能完全替代军事训练。纵观军事游戏在世界各国军事模拟训练中的运用，其主要着重于以下几个方面内容的训练。

1. 训练单兵操作技能

军事游戏一直比较注重物理性能方面的仿真。不论是通过键盘、鼠标，还是通过研制的模拟训练器材，都希望通过军事游戏来实现对单兵操控武器装备操作技能的培养。有些先进军事游戏设备达到了军用训练模拟器的性能要求。例如，军事游戏《鹰击长空》，就对游戏中的飞行器进行了非常逼真的设计，飞机的攻击系统、飞行方式以及防护措施等都与现实中相同，玩家既可以通过第一视角体验飞行员如何操控飞机，捕捉目标，躲避导弹的攻击。也可以在第三视角下，清晰地掌握飞机飞行的姿态和轨迹。这对于新手飞行员学习所驾驶飞机的技战术性能，掌握飞机的基本操作技巧，具有重要的帮助。

2. 学习战役战术知识

军事游戏玩家可以在军事游戏中接近实战的虚拟战术战役背景环境中学习相关的战役战术知识。《使命召唤》作为美军的一款经典的战术类游戏软件，其背景设置贴近真实战场，玩家通过在“真实战场”中扮演战斗员来熟悉实战中战术运用的基本原则和主要方法，包括战斗小组成员之间如何通过互相掩护快速前进、如何抑制民众附加伤亡、如何掌控并合理利用城市建筑物、如何侦测和打击隐藏的敌人等。若玩家由于不重视敌情侦察，忽略隐蔽自己，忽略自我防护，就很有可能被敌方枪弹击中，导致毙命，这是对玩家忽视基本战术要求的惩罚，严重者就会以失败告终，如玩家对普通民众开枪射击，造成大量不必要的无辜伤亡，就会马上被判定作战失败。

3. 训练作战指挥能力

外军研发的许多游戏软件还专门设置了“指挥官模式”，用以训练指挥官作战指挥能力。玩家在游戏中可以任意地选择一个指挥官，对管辖范围内部队进行指挥决策。以美军2005年发行的军事游戏《战地Ⅱ》为例，游戏中的指挥官模式界面与传统玩家参战模式有较大不同，玩家所面对的将是一张可以自由缩放的全局立体地图，而非局部战场。在地图上，己方与敌方部队的兵力、兵器部署等情况都有准确地显示。玩家“指挥官”能够通过语音发布、鼠标点击、文本传输等不同的方式进行作战部署，指挥部队的战斗行动。指挥官在游戏中可以随时指挥纠正那些违背作战意图的玩家，同时，指挥官也有权踢出那些抗命不遵的玩家。

4. 训练团队协作意识

作为一款针对多人联机模式运行的游戏软件——《美国陆军》，该游戏的最新版本可以同时支持128人同时在线联机参与。这款游戏的主要用于训练官兵的团队战斗意识和协同作战观念，游戏中玩家只有与队友合作才能活着完成任务。

据了解，美军还进一步拓展了《美国陆军》的联机范围，希望能够把分散在美国各州甚至世界各地的陆军部队联结在同一个网络中，进行分布式的联网训练，官兵们只需要一台连接网络的计算机，就能够在虚拟的战斗空间中进行相互之间的配合与“联合作战”。在游戏中不同的玩家可以自由地交流探讨，促进了彼此间的军事交流。未来信息化战争中，交战双方的对抗正在由作战力量的对抗逐渐转变为各自作战系统功能的对抗，提高部队整体作战功能成为当今部队训练的重要内容，诸如作战要素集成训练、诸军兵种联合训练等方式，依托军事游戏等新型训练方式，逐渐走上了军事训练的前台。目前，美军军事游戏已从“大众娱乐平台”“军事训练助手”发展为“战略传播工具”。

5. 训练战场思维

与现实的演习相比，军事游戏能够模拟出更多的、更加逼真的战场环境和作战情节，受训者在模拟作战过程中将会遇到各种各样的突发情况，只有合理地处致这些突发情况，才能够顺利进行下一步任务。在这个过程中，受训者将面临多种选择，每一种选择都会对游戏的结局产生影响。这种贴近实战条件的训练方式，对提高受训者的思维能力，强化受训者的军事素质有极大的帮助。在从理论知识向实践能力过渡的中间环节上，军事游戏所具备的这方面的独到功能，越来越被部队训练所重视。

6. 培养心理素质

稳定的心理素质是取得战斗胜利的基础。近几场高技术局部战争，特别伊拉克战争以后，外军普遍认识到了官兵心理素质的重要性，并采取诸多措施提高官兵的心理素质。军事游戏模拟训练一项最为基本的内容就是培养官兵的心理素质。军事游戏以其逼真的三维模拟环境，借助视觉、听觉和触觉神经，引导玩家进入模拟战场，使他们产生身临其境的感觉，在这样近似实战的环境中，提高官兵的心理承受能力，使其在面临真正的战争时，具有更为强大的战场生存能力。

7. 培养思想价值观念

国外军方认为，当代的士兵大多都是伴随着计算机游戏一同成长起来的。通过计算机游戏对士兵进行各项教育，对他们来说更容易接收。针对这一特点，美国军方研发了游戏软件——《士兵的成长》，主题为军人的职业发展，其主要训练内容是培养军队的核心价值观。游戏中，玩家只有严格遵守军队的条令制度与价值观念，吃苦耐劳，忠于职守，团结奋进，出色地完成任务，才可以不断得到加分和进步，只有不断进步才能成长为一名优秀的指挥军官。

2.3 军事游戏模拟训练的基本类型及分类

2.3.1 军事游戏模拟训练的基本类型

军事游戏模拟训练的类型，多受到军事游戏本身所具有的游戏模式的影响。根据游戏模式的划分，游戏模拟训练类型主要分为单人训练、多人训练、对抗训练三种。针对不同的训练类型，有不同的训练内容和方法，其训练组织实施的过程也不一样。

1. 单人训练

单人训练主要指以单人游戏模式完成训练课目的训练模式。单人训练主要用于游戏操控方式的自学，以及任务课目训练和人机对抗训练。单人训练适用于自我训练，由于没有受到更多其他训练主体的干扰，因此相比较多人训练和对抗训练而言，其随意性强。但是在有教练员的具体指导下，也可以实行指向性很强的训练，如由训练班人员各自实行单人训练的方式等。

2. 多人训练

多人训练主要指以多人（联机）游戏模式进入系统，完成训练内容的训练模式。多人模式又称为多人协作模式，与对抗模式不同的是，多人协作模式所有成员均在战斗一方，侧重于成员之间的团队配合。可有多人共同完成某一训练任务的训练，也有多人组成战斗小组针对计算机所开展的人机对抗训练。

3. 对抗训练

对抗训练也是在多人（联机）游戏模式下进行的，但是没有计算机智能角色的参与，由训练成员根据想定划分为对抗双方，在战斗演练中训练作战技能、培养团队意识。相比较单人和多人训练而言，对抗训练模式自主性更强，对抗性更加激烈，能够更好地调动受训人员的积极性，对于训练人员的提高也较明显。

2.3.2 军事游戏模拟训练的分类

军事游戏模拟训练有自己独特的范型，这些范型主要包括使用的范围、运用的条件等。研究军事游戏模拟训练模式必须要深入研究其基本范型，科学设计训练方法、训练组织形式、训练实施细则以及训练过程的结构框架，这样才能够使训练更加科学有效。

1. 技能操作式军事游戏模拟训练模式

使用军事游戏模拟训练来进行高科技装备操控技能训练是近期发展的趋势。在模拟真实的环境下，受训者能够在高科技装备未列装之前就进行训练，从而尽快形成战斗力，加快战斗力生成模式的转型升级。通过向受训者演示高科技装备的操作流程、使用方法以及注意事项，就能在训练中使之有效掌握，达到训练目的。

在技能操作式军事游戏模拟训练中，通过设定高度模拟仿真的训练环境、合理科学的训练式、具有激励性质的任务驱动，同时采用团队竞争、小组协同的方式，使得受训者在完成模拟训练任务的同时，提高自身的军事技能。

一般来说，技能操作式军事游戏模拟训练只要面对提高受训者对某一种军事技能的操作性熟练度。这样，军事游戏模拟训练既能帮助受训者完成既定训练目标，成为一名合格的军事战斗员，又能使其在模拟训练中感受到实弹模拟、战场感知、及时反馈、任务激励等模拟训练的优越性，使传统枯燥的军事技能训练转变为生动有趣的作战任务训练，提高受训者的训练热情。

2. 战术培养式军事游戏模拟训练模式

但凡军事游戏都离不开一定的战术战役背景，而受训者正是在这种真实的作战背景下进行军事模拟时，才能够真切地感受到学习和掌握各种战术运用的重要性。实际上，从长远来看，提高受训者的战术战役素养要明显高于个人军事技能的培养。

战术培养式军事游戏模拟训练，是以典型战术战法作为军事游戏模拟训练的背景，在游戏系统内部规则的指引下，受训人员根据模拟战场的特征或情境，积极创新科学的战术战法，从而提高受训者良好的战术战役素养，提高受训者战场生存能力的一种训练形式。

对于战役战术素养的培育，军事游戏模拟训练以其高度的仿真性、无可比拟的安全性、灵活多变的可操作性、适合受训者的游戏性，大大提高了受训者的训练热情，能够使他们在训练中突破，发挥创新思维。另外，军事游戏模拟训练能够使受训者深深痴迷于“真实”的战场环境，产生身临其境的真实效果，引领受训者在军事游戏模拟训练中体验真正意义上的战场，以有效促进理论和实际的完美结合。

3. 作战指挥式军事游戏模拟训练模式

作战指挥式军事游戏模拟训练能够提高军官的作战指挥能力，在模拟训练中受训者可以作为一名真正的“指挥官”进行自主决策，指挥游戏中的千军万马进行战斗，通过发送指令、下达战斗报告、呼叫支援、诸军兵种协同作战等方式进行作战、部署、组织军事行动。作战指挥式军事游戏模拟训练模式，就是以作战指挥训练内容变革为引领，以作战指挥模拟训练方法体系为主体、以作战指挥军事游戏训练平台为支撑的“三位一体”的训练模式，其中内容体系是核心，训练方法是关键，训练手段是支撑。在该模式下，既要牢牢把握理论层面的军事思想的创新，也要在细节层面创新战术战役的方法；既要把握世界军事潮流的方向，也要以我为主，自力更生，发展我军新式战法。这样，既有利于培养新式作战人才，又能够提高基层军官的军事理论素养，与当今不断变化的时代相适应。

与传统作战指挥式军事训练方法相比，作战指挥式军事游戏模拟训练既提供了逼真的作战环境、详细的作战计划，又能够为受训者提供发现问题、思考问题、解决问题的机会和平台；既是对指战员的一次在战术战役、军事技能方面的锻炼，也是对以往军事游戏模拟训练的一次检验，为受训者在未来实际战争中积累宝贵经验。

4. 协同配合式军事游戏模拟训练模式

多人军事游戏，使得不同受训者之间能够在技能、战术、战役、战略层面进行连接、交流和对抗。众多参训人员可在同一作战时间、作战空间进行协同作战或对抗，这对参训人员协同训练、培养协同作战意识有极大的帮助。

所谓协同配合，是指参战的士兵与士兵之间、我军与友军之间的一种联合作战方式，实现了多种力量的有机结合。协同配合是军事作战中最常采用的方式，通过协同配合，往往能够实现“1 + 1 > 2”的效果。随着信息技术的发展，士兵之间的协同，军兵种之间的协同训练变得更为重要，协同配合式的模拟训练随之兴起。基于军事游戏的协同配合式模拟训练，是以典型军事游戏作为协同配合训练内容的载体，在游戏系统的引导下，受训人员根据军事游戏所呈现的具体情境或任务，采取更为有效的协同配合方式，从而培养受训人员之间的合作意识，提高团队的战斗能力的一种训练模式。

协同配合式军事游戏模拟训练模式体现协同训练在军事作战中日益重要的地位。协同作战是当今最通用的作战方式，协同的好坏直接影响一支部队的战斗力，而提高士兵之间的协同作战能力正是提高一支部队战斗力重要途径。未来的战争方式将是诸兵种的一体化联合作战，这就意味每个士兵都必须学会协同配合。基于军事游戏的协同配合式模拟训练要求解决基于真实情境的士兵协作配合问题。

通过计算机虚拟技术，仿真技术等前沿性技术手段，设置现实中无法找到的训练场地，以及一些目前还不具备的武器装备，实现士兵超前性训练。这不仅十分有利于部队基于现有条件的协同训练，而且还能够缩短人与武器装备的结合时间，快速形成战斗力。

5. 思想灌输式军事游戏模拟训练模式

所谓思想灌输，就是指以特定的方式和生存法则，向接受者灌输特定的思维方式，价值理念，让接收者自然而然地适应一种特别的生活而不会产生反抗或抵触的情绪，即获得精神上的认可。基于军事游戏的思想灌输式模拟训练，是以计算机游戏作为训练内容的载体，在游戏程序的安排下，受训者根据早已安排好的游戏规则，进入到游戏的世界，接受虚拟世界的思想价值的灌输，然后映射到现实世界中，形成对现实世界行为和环境的认同的一种训练形式。

思想灌输式的军事游戏模拟训练有利于官兵更好地适应军营生活，缩短一些年轻士兵的不适期，使受训者在相关的情景中充分受到思维和人性的感染，在同一场所不断地暗示下学会表达、理解、忍受、认同，这种训练模式一旦应用于实际，受训者在虚拟的战争环境中生存、战斗，会逐渐培养出顽强的战斗精神。训练有效性的评价是衡量军事游戏模拟训练效果的重要依据，因此建立科学有效的训练模式评估方法、按照科学依据建立评估体系，对进一步改进军事游戏模拟训练模式、筛选出优秀的军事游戏训练方法有重大意义。

2.4 军事游戏模拟训练的特点

军事游戏模拟训练是信息化条件下军事训练的一种创新方式，它以军事游戏软件为训练平台，融合计算机模拟技术、计算机游戏技术，以及军事训练要素和规则等，逐渐发展成为一种特点鲜明的训练方式，具有传统训练模式所不具备的一些独特优势。

1. 生动逼真，符合青年官兵心理需求和兴趣爱好

据统计，2019 年我国网络游戏用户达 6.26 亿人，其中玩军事计算机游戏的绝大多数是年轻人。青年官兵入伍前大多数都接触过军事游戏，其对军事游戏的认同感早在入伍前就已经形成。利用军事游戏进行训练，在虚拟的战场环境中，或与敌军短兵相接，上阵杀敌；或驾驭各种作战平台，冲锋陷阵；或指挥千军万马，排兵布阵，加上高度仿真的视觉效果，使训练不仅精彩刺激，而且有惊险感和惊喜感，仿佛身临其境，更能体验到失败后的苦恼和胜利的喜悦。这种过程符合青年官兵心理需求和兴趣爱好，因而受到青年官兵的广泛青睐。

2. 军事效益高、经济效益明显

游戏训练依托计算机网络进行，虽说开发一款军事游戏造价不菲，但一旦投入应用，其军事效益和经济效益优势就非常明显。相比较传统的军事训练方法，军事游戏不需要进行较大规模的兵力装备部署、展开、调动以及攻防转换，训练的方式灵活且多样，操作实施方便快捷，是一种十分有效且节约的训练方式，能够通过较小的投入得到较好的效果，且边际效益递增。外军有统计显示，使用飞行模拟训练的飞行员，通过 30h 的训练，便可达到实际飞行 1 年才能达到的水平，其费用仅为实际飞行训练的 1/70。

3. 通用性强，便于普及推广

军事游戏是按统一标准开发的，具有很强的通用性。游戏训练依托计算机虚拟技术构建整体环境，现有的计算机和网络都可以作为平台使用，便于普及推广。目前，我军内部都建立了军事训练网，为广泛应用军事游戏提供了更为便利的基础条件。更为重要的是，为数众多的年轻军人，尤其“80 后”和“90 后”出生的军人，是伴随着互联网成长起来的。据有关方面调查，在我军近几年入伍的新兵中，有 60% 入伍前玩过军事电子游戏，大多数对军事计算机游戏“爱不释手”，有的甚至还是游戏高手，个别人甚至还开发过简单的军事电子游戏。这为普及和推广军事电子游戏奠定了良好基础。

4. 发展速度快，具有广阔应用前景

自 20 世纪 80 年代军事电子类游戏问世以来，其发展速度十分迅猛。据美国媒体报道，目前美国已创作出 500 余款高仿真的作战游戏。军事游戏快速发展的同时，也有力地推动军事游戏模拟训练向更广泛的领域拓展。根据美军官方的统计，《美国陆军》《使命召唤》《荣誉勋章》《三角洲部队》等游戏软件，已广泛地应用于陆军（陆地勇士）、海军（卓越特遣部队）以及空军（航空航天领导者）等培训计划，逐步成为其培训转型人才的新平台。另据英国《简氏防务周刊》的报道，《三角洲部队》《美国陆军》等游戏已经被美、英等国军事院校作为军事培训教材，仅2005年一年美国西点军校一次性就订购了1200套军用版《三角洲部队》游戏软件，在学校的日常教学和训练中应用。

2011年5月我军第一款军事游戏《光荣使命》发行，很快就在全军范围内产生广泛影响，不仅是部队、军事院校，连同社会上的军迷们都对这款游戏产生了极大的兴趣，军事游戏模拟训练在我军迅速蓬勃发展起来。由此可以看出，在军事游戏的推动下，军事游戏模拟训练发展极快，有着非常广阔的应用前景。

2.5 军事游戏模拟训练的作用及地位

以军事游戏为训练平台的军事游戏模拟训练，是军事训练的一种特殊形式。它是传统军事训练与计算机技术、计算机游戏技术的结晶，除具备传统军事训练的一般作用之外，它还承载和传播着独特的知识内容，发挥着独特的作用。

1. 激发训练热情

训练热情是训练质量好坏的一个重要影响因素，很多官兵没有参加军事训练的热情，甚至抵触军事训练。但是一玩起游戏，马上精神抖擞，斗志昂扬，有的甚至不眠不休，通宵打游戏。这一现象一直以来都是困扰部队训练的难题。军事游戏模拟训练则很好地克服了这一难题，它以官兵们喜闻乐见的军事游戏为平台开展训练，利用军事游戏的趣味性和刺激性，激发官兵们的训练热情，使官兵们对训练产生认同感，正确地看待军事训练的作用和价值。

2. 培养解决问题的能力

传统的军事训练大都按照设定好的程序步骤组织实施，官兵们在这个过程中只是硬性地掌握了军事理论知识和相关的军事技能，而在解决实际问题的能力方面仍有欠缺。相比传统的军事训练，军事游戏模拟训练往往充满了各种挑战，无论是单兵操作技能的训练、战术训练还是协同训练，都需要受训者综合多方面知识，想方设法解决问题。因此，军事游戏模拟训练在提高受训者逻辑性思维和解决问题的能力方面具有独特的作用。

3. 培养创造能力

如何培养创造能力是当今所有教育训练领域最为关注的问题，军事训练也不例外。不容置疑的是，军事游戏模拟训练本身就是信息化条件下军事训练的创新发展。作为一个创新发展的产物，军事游戏模拟训练在培养官兵创造力方面拥有与生俱来的独特优势。第一，军事游戏的虚拟性可以实现对任何战术战法的模拟，官兵的任何创新想法都可以通过军事游戏得到检验。第二，计算机仿真技术可以对任何武器装备进行仿真，官兵利用计算机仿真技术可以无限制地进行武器装备操作，探索创新武器装备的使用方法。第三，军事游戏模拟训练本身军事效益高的特点，决定了受训者可以在较短的时间内取得创新成果，而不用付出更多的精力和时间。

4. 促进情感、态度和价值观的培养

军人以服从命令为天职，军队要始终保持对党和人民的绝对忠诚，从这个角度来看，培养军人对党和人民的情感，对职业的认同感和正确的人生观价值观非常重要。在这一目标的实现上，传统训练就显得捉襟见肘。而军事游戏模拟训练却有独特的优势。在军事游戏模拟训练过程中，组训者能够在游戏中融入更多的政治教育内容和主题，受训者在潜移默化中受到政治教育的熏陶。新一代学员和士兵都是在游戏的陪伴下成长起来的，他们更易于接受计算机游戏这种训练方式。将思想政治融入游戏中进行思想价值灌输是自然而然的，也会收到较好的效果。

5. 引导休闲娱乐的作用

在军事游戏模拟训练过程中，受训者能够在丰富的游戏资源中放松娱乐。通过计算机游戏的教育训练方式，不仅使受训者能够更加专注主动地接受下学习，还改变了过去“就教而教、就训而训”的传统训练理念与方法。游戏中设定的跌宕起伏、丰富多彩的游戏场景，使原本单调枯燥的学习内容也会变得更富有故事性、情节性和趣味性，受训者也会在完成任务之际体会到成功感和幸福感。

军事训练是军队建设的中心工作，是提高部队战斗力的根本途径，无论是在和平时期还是在战争时期都具有十分重要的地位作用。只有充分认清军事训练的地位作用，深刻理解军事训练的价值所在，才能切实摆正军事训练的位置，不断推动军事训练的建设和发展。军事游戏模拟训练作为一种新的军事训练方式地位同样重要。

1）军事训练是和平时期军队经常性的中心工作

军队建设是一个庞大的系统工程，包括政治教育、体制编制建设、武器装备发展、人才培养、军事训练、行政管理等诸多方面的工作。各项工作紧密联系、缺一不可，其建设水平依赖于各项工作的协调发展。但各项工作在军队建设中所处的地位和作用各不相同，其中最根本、最主要的就是要抓好军事训练工作，因为军事训练的主要目的是提高部队执行各项任务的能力，这正是军队建设的主要目标。因此，必须从法规和制度上确立军事训练的中心地位，并将其作为统筹军队建设各项工作的一条准则。在和平时期，部队还担负着政治教育、战备值勤、施工营建、抢险救灾、军民共建等多项任务，当这些工作与军事训练发生矛盾时，如果关系处理不好，“中心”就可能移位。摆正军事训练的中心位置不能一劳永逸，必须常抓不懈，不断强化以军事训练为中心的意识。

2）军事训练是生成提高军队战斗力的根本途径

在构成战斗力的诸多因素中，人和武器装备是最基本的两个因素。人是作战的主体，决定作战胜负的关键。先进的武器装备，如果没有掌握在经过良好训练、具有熟练军事技能的军人手中，就不可能最大限度地发挥效能，即使是在武器装备的作用越来越突出的今天，并没有也不可能改变人在整个作战中的主体地位。只有通过训练，提高训练质量，才能实现人与武器的最佳结合。实践也证明，战争对军队素质的特殊需求与军队训练的实际水平之间，总是存在着一定的差距，这就构成了贯穿军队建设始终的矛盾，军事训练正是解决这一矛盾最基本、最有效的手段。只有通过军事训练提高官兵素质和军队整体作战能力，才能适应军队建设和战争的需要，这是被历史经验反复证明，不以人的意志为转移的客观规律。遵循这一规律，军事训练就前进、就发展；违背它，军事训练就会受损失，甚至退步。

3）军事训练是军队能有效履行职能的重要保证

我军的根本职能是巩固国防，抵抗侵略，保卫祖国，保卫人民。军队要有效地履行这一职能，就必须具有很强的战斗力，包括军事威慑能力、作战能力等。就平时而言，最主要的就是充分做好军事斗争准备，以强大的军事威慑遏制可能爆发的战争；而一旦战争爆发则能以强有力的作战能力战胜对手，维护国家安全和统一。军队要具备这样的能力，除了具有一定的物质条件外，从根本上说要靠训练，因为军事训练在培养高素质人才、形成整体作战能力、验证作战理论、完善体制编制、发展武器装备等方面，发挥着不可替代的作用。军事训练是直接为赢得军事斗争胜利服务的，战争越发展、技术越先进，训练的地位越突出，对现实军事斗争准备的推进作用就越大，对军事训练的要求也将不断提高，通过训练使受训对象具有更高的驾驭战争的能力。

4）军事训练是军队遂行多样化任务的前提基础

随着军队遂行的任务呈现多样化，对军队综合能力的要求也越来越高。军队无论是遂行作战行动还是遂行非战争军事行动，各种任务对军队能力素质的要求各不相同，没有较强的能力素质部队很难应付当前多样化任务。能力素质的培养与军事训练是密不可分的，特别是现代条件下，由于任务更加多样、情况更加复杂、变化更加突然，军队必须有较强的适应能力才能应付各种突发情况。过去那种靠作战实践来提高军队能力的方法已经很难适应军队多样化任务的需求。因为各种任务的突发性强，军队没有更多的时间进行准备，更谈不上长时间的临战训练。另外，任务执行的时间也在不断缩短，往往胜败就在很短的时间内，过去那种靠实践来提高能力的方法已经不可能了，也许在能力还没有得到提高的时候，胜败已成定局。因此，军事训练是军队应对多样化任务的前提基础。

2.6 军事游戏模拟训练任务

认清军事游戏模拟训练的任务，切实把握军事游戏模拟训练的特点，是开展军事游戏模拟训练的前提和基础。

军事游戏模拟训练任务是指军事游戏模拟训练的主要工作和应达到的目标，军事游戏模拟训练任务由军事训练与考核大纲直接赋予，并根据本分队的作战任务和编制装备的实际情况确定。从总体上说，其训练任务是通过传授军事知识和技能、锤炼战斗作风，进而全面提高官兵军事素质和整体作战能力。

1. 传授军事知识和技能

军事游戏模拟训练中最基础性的任务就是传授军事知识和技能。军事知识是指人们在战争实践中获得的系统化认识和经验的总和，部队官兵应了解信息化条件下作战、复杂电磁环境下作战、特殊地理环境下作战的特点规律，了解主要作战对手的编制装备及其作战行动特点；军事技能是指掌握和运用武器装备和军用技术的能力。

2. 培养顽强的战斗作风

在强度大，异常激烈、险恶残酷的交战过程要求部队官兵应具备顽强的战斗作风。顽强的战斗作风，主要包括稳定的情绪、坚强的意志和优良的品格，体现在连续作战、不怕疲劳、不怕牺牲、密切协同、令行禁止等方面。培养顽强的战斗作风必须与练技术、练战术紧密结合起来，落实到训练的每一个阶段和环节，贯穿于军事游戏模拟训练的全过程。要在高强度、高难度、近似于实战的训练中，让官兵感受到战争的对抗性与艰苦性所造成的压力，感受到武器装备的杀伤和破坏作用带来的威慑。要尽量利用生疏、复杂的地形，选择艰苦的环境与恶劣的天候，创设复杂多变的想定情况，营造出紧张激烈、艰难危险的战斗气氛，让官兵在身临其境的感受中铸就英勇无畏的战斗精神、坚韧不拔的战斗品质。

3. 提高分队整体战斗力

作战强调集中使用，因此全面提高部队官兵综合素质和分队整体战斗力，是衡量军事游戏模拟训练质量的根本尺度，也是军事游戏模拟训练的最终目的和任务。提高装甲兵分队整体战斗力，不仅需要重视官兵个体的知识、技能、体力、心理素质和战斗作风的培养，更要重视分队专业技术合练，以及人与战车、人与人、战车与战车、单位与单位之间的战术协同训练，最后上升到营战术演习的整体训练，完成分队整体战斗力的最后“组装”。提高分队整体战斗力，必须以共同愿景、信念和行为为目标，通过严格的军事训练，使分队在近似实战的战场环境条件下，既练技术又练战术，既练组织指挥又练战斗协同，通过全面锻炼提高分队军官组织指挥能力，增强分队整体作战意识和整体协同观念，进而使分队成为一个坚强统一的战斗集体，共同作用于敌。

2.7　军事游戏模拟训练现状

1. 美国军事游戏模拟训练现状

将游戏技术和军事训练结合到一起，这已经成为近年来美国军事训练发展的重要举措。在第一款军事游戏《三角洲部队》出现之后，美军越来越注重以军事训练为目的开发游戏来进行模拟训练，尝试用更加专业和多功能的游戏来开展模拟训练实施。为了从主观上增加游戏的仿真效果，提高游戏与受训者的心理契合度，美军将游戏开发人员送入新兵训练营体验生活。其中，《美国陆军》游戏就吸收了很多真实训练内容，游戏中的武器装备和所有动作，都是来源于部队实际，更好地模拟了真实的军事训练。在作战前，美军通常使用计算机利用仿真系统模仿出贴近实战的逼真作战环境，以此为背景让士兵通过游戏来熟悉作战环境、作战要求和作战计划，这一做法的最大益处就是实现了用最小的伤亡换取最大的作战胜利。此外，还将游戏技术与虚拟现实技术、军事模拟装备研究相交叉，催生出了如《使命召唤》等许多优秀产品。在开展军事游戏训练方面，美军采取了许多措施。一是建立专门的组织管理机构，为军事游戏的发展提供相应的指导和保障；二是制订建设战略规划，提高对军事游戏模拟训练的重视程度；三是广泛用于美军的训练教学当中，使军事游戏模拟训练成为军事训练的一项重要手段方法。目前，美军游戏练兵已经成为训练常态，投入使用的各类军事游戏有数十种，从单兵训练到班组、营协同乃至师旅联合，从徒手格斗到高新武器应用，从舰船航空母舰到新式战斗机，单机版游戏，网络版游戏，应有尽有，门类齐全。其中《美国陆军》《三角洲部队》《使命召唤》《荣誉勋章》等游戏软件，已经成为美军培育新型联合作战军事人才的新平台，广泛应用于美军多项转型培训计划。

2. 其他国家军事游戏模拟训练现状

不仅是美军，英国、俄罗斯等其他国家也相继认识到军事游戏的巨大训练功效，并投入巨大的精力和经费来发展自己的军事游戏并辅助训练。与美军不同的是，俄军早就开始发展本土的军事游戏，但很少向外透露细节。俄军的游戏练兵的运用范围非常广。俄军运用军事游戏在新兵入伍时期进行军事模拟训练，以最大限度贴近实战的训练方式减小新兵的伤亡。和美军相比，俄军更注重对抗难度，有些游戏设置的战场环境几乎恶劣到了“惨绝人寰”的地步。英军软件技术和军事游戏技术水平高、发展快，并且善于借鉴市场上高端的游戏产品作为支撑，来提高军事游戏模拟训练的实效。英国现在进行无人机飞行训练时，使用由美国雷声公司推出的一款训练游戏，其训练器械也是微软出品的著名游戏机 X – Box，X – Box 游戏芯片具有让计算机生成高精度地形图和城市图的功能，可以让士兵身临其境感受战场，由此大大减少无人机操作失误而造成的巨大损失。

此外，法国、德国、捷克、印度等国家也非常重视军事游戏模拟训练研究，积极开展自身军事游戏的研发，或尝试利用外国典型军事游戏开展军事训练，“游戏练兵”发展迅速。

3. 军事模拟训练游戏现状

近年来，中国的游戏市场中，军事类游戏的发展尤为迅速。良好的产业前景使越来越多的游戏厂商把目光瞄准了军事游戏，伴随游戏产生的附加价值也逐渐浮出水面。军事游戏不单单是作为娱乐的工具，更是包含着文化渗透和军事宣传。由于游戏本身具有的互动传播性特点，使得游戏相对于电影、小说、音乐等形式更容易引起共鸣。对于国产军事游戏来说，如何打造属于我们的军事游戏文化，是当前迫切要解决的事情。以经典游戏《使命召唤》系列游戏为例，其中渗透的是美军的战争观和价值观，对于美军形象的塑造也贯彻整部游戏。游戏中的这些刻画着美军光辉形象的细节，都在潜移默化地影响着玩家的价值观。

如今世界上很多国家都将游戏运用在军事上，开展了很多军事训练。譬如通过制作游戏来模拟真实的战场环境，从而达到练兵的目的。这种寓教于游戏的形式更能激发官兵兴趣，甚至还会吸引青年人参军入伍。但对于我国来说，要想把军事游戏作为军事训练和军事宣传的工具，似乎还有一段距离。

当前，我国军事游戏的研发上存在着误区，军用、民用界限模糊不清。以《光荣使命》为例，虽然分为了军用、民用两个版本。但是作为战术训练的军用版本，其游戏本身的环境设定和数值参数离实战较远。而作为娱乐宣传性质的民用版本，它的娱乐价值又不高，不够吸引。而对于游戏厂商来说，做出了游戏，玩家们不买账，这也是目前国产军事游戏的尴尬境地。“怀揣梦想制作游戏”“打造国产不忘初心”“首部国产”……类似的噱头游戏厂商做了很多，但是对于游戏本身的质量却常常被玩家吐槽，甚至某些游戏只把精力放在了道具商城上，游戏道具价格昂贵，无形地逼走了一部分热爱游戏的人。这也是军游发展的瓶颈之一。

4. 军事游戏模拟训练现状

我国军事游戏技术发展较晚，目前我军游戏练兵大多还是利用外国成品进行，这就造成了训练内容与我军训练实际情况结合不够紧密，训练效果差，自主操控性低，核心战术战法秘密等要素保密性存在风险等诸多弊端。所以总的来看，我军军事游戏模拟训练仍然处在探索阶段。但是这种不利局面正在得到迅速改变。近年来，军报与主流核心媒体加强了对国外军事游戏训练热点问题的跟踪报道，军事游戏训练观念已得到普及，领导层也引起了足够重视。我军为应对全球游戏练兵浪潮也推出了第一款拥有自主知识产权的军事游戏《光荣使命》。

但本土产品存在产品技术水平低于国外产品，理论支撑不够强，标准差距大不能联合统一使用的不足。究其原因：一是游戏练兵的理念要实现全军普遍认可仍旧需要一段过程；二是国内高水平原创性游戏软件开发商一直稀缺，特别是在军事游戏领域更是稀少；三是军内武器装备、战术战法等核心要素保密级别高，成为地方游戏软件开发商开发生产军事游戏的一大障碍。

2.8 军事游戏模拟训练意义

军事游戏模拟训练日益彰显的现实意义和应用价值与我军相关领域的薄弱和落后现状形成鲜明反差，这凸显了我军发展军事游戏模拟训练的紧迫需要，也预示着研究军事游戏模拟训练的重大意义。具体来说，主要表现在两个方面。

1. 理论意义

理论对实践具有重要的指导意义，只有不断地进行理论创新，才能为实践提供科学指导。由于我军军事游戏模拟训练还处于相对落后的状态，相关的军事游戏模拟训练理论还不健全，因而难以指导我军军事游戏模拟训练快速向前发展。随着发达国家军事游戏模拟训练的逐步深入，军事游戏模拟训练所带来的意义和价值不断凸显。本研究所做的工作，就是丰富和完善我军的军事游戏模拟训练理论，填补我军在这个领域的缺陷，为缩短我军与发达国家军队之间的差距，提供科学理论的指导。

1）为我军军事训练理论的丰富和完善发挥重要作用

我军在几十年的发展中形成了一套较为系统完善的军事训练理论体系，在指导我军建设发展中发挥了重要作用。但在理论创新的探索研究方面较西方发达国家而言还有所欠缺，特别表现在军事游戏这一新生事物上。游戏普及几十年，但直到 2011 年，我军的第一款军事游戏才正式发布，相关产业还处于起步阶段。因此要加快推进军事游戏模拟训练研究，首先要建立健全配套完善的理论体系，丰富发展相关学科领域的内容，有效指导军事游戏模拟训练的发展和应用。

2）为我军有效开展军事游戏训练提供科学理论指导

马克思主义告诉我们，认识来源于实践作用于实践，这就表明了军事游戏模拟训练的发展过程是要在不断的实践运用和调整中曲折前进的。在使用军事游戏模拟训练的过程中，不可避免地会出现许多问题，军事游戏与部队的正常训练衔接配套如何，游戏对官兵相关能力的提高是否有所帮助，某款游戏的实际应用是否能够达到预期设计效果，这些问题只能在使用中被发现，在实践中被印证，也只能在应用中得到完善和发展，在不断完善中探索一套指导我军军事游戏模拟训练的科学理论。

3）为整体推进我军信息化条件下军事训练创新发展开辟新视角

新军事革命对我军军事训练创新提出了更高的要求，传统的训练方法和模式在日新月异的战场变革中已经不能满足要求，迫切需要军事训练领域中创新发展贴合时代的新型训练模式。目前，国际公认的观点是“军事游戏在军事训练领域的运用将引发一场新的军事训练革命”。因而军事游戏模拟训练可以作为一个很好的理论研究切入点，为加快转变战斗力生成模式向多元化、全面化、信息化发展提供强大的动力；为提高部队训练效益，丰富部队训练手段，创新部队训练模式和提升部队战斗力开辟新视角。

2. 实践意义

深入研究军事游戏模拟训练不仅有重要的理论意义，更具有积极的实践意义。我军的发展壮大离不开实战的摔打锤炼，但是和平年代，没有战争实践磨砺官兵。传统的训练模式，又受限于许多因素，无法给官兵提供丰富的作战经验。而军事游戏模拟训练可以在很大的程度上模拟实战，通过多种系统的联合作用使受训者近乎在立体全方位的真实作战环境下积累实战经验。研究这种近似实战的训练方式，必将对探索一套适合我军的游戏练兵模式，改进传统的组训方式，加快我军战斗力生成模式的转型升级产生十分重大的影响。

1）有利于形成军事游戏训练模式

从我军发展壮大的历史进程中可以看出，我军倾向于“真枪实弹”的训练，不喜欢搞一些“假想虚无”的花招。因而，过去的很长一段时间，军队内部对军事游戏模拟训练没有足够的重视，在军事游戏的开发及其应用方面，关注较少。

所以，相当长的一个时期内，军事游戏训练模式的探索陷入停滞状态。随着世界范围内游戏练兵的兴起，游戏练兵模式的欠缺得到领导层的高度重视，2011 年我军首款军事游戏《光荣使命》面世后，在全军都产生了极大的影响，促使了军事游戏模拟训练在全军范围内蓬勃开展，相关训练模式也在逐步形成。在深入研究了军事游戏模拟训练的实践之后，不难发现，在军事游戏中把握军事训练的核心要素，以理论为支撑，以实战为导向，突出训练的实际效能，有利于探索适合军事训练的游戏练兵模式。

2）有利于改进组训模式

信息化条件下战争以一体化联合作战样式为主导，这就要求部队训练要强化协同作战、跨军兵种联合作战。但是目前我军的组训模式实际仍然是各单位“各自为政”，以连、排、班为主体训练，训练方法粗犷而不够科学完善，训练内容离散而不够系统连贯，使得训练效果得不到保障。在目前我军的实际情况下，采取军事游戏模拟训练，联合各单位、跨兵种进行模拟演习演练是比较现实可行且训练效益能够得到保障的手段。此外，采用军事游戏模拟训练还能有效克服恶劣天气、环境对训练效果的影响和物资装备的投入损耗，极大降低训练成本。更重要的是，计算机应用技术能够实现依据组训者的要求有针对性地设置训练要素的目的，从而丰富组训模式，有效提高训练效益，提高部队战斗力。

3）有利于转变战斗力生成模式

战斗力生成模式，是指人、武器和编制体制等基本要素的性质及其相互关系，获取和发挥军队战斗力的标准样式、运行机制和一般方法。在信息化条件下，战斗力生成模式要牢牢把握住信息化这个核心要素，形成基于信息化、依托信息化、服务于信息化的体系作战能力。传统训练由于受到经济制约、环境所限和其他因素的限制，信息化程度不高，依托信息化的难度较大，服务于信息化的目的不够明朗，往往练到最后，还是各打各的，相互孤立，这导致传统训练模式在信息化条件下战斗力生成模式转变中略显单一滞后，而军事游戏模拟训练则为信息化条件下快速转变战斗力生成模式提供了可能。游戏练兵具有信息化条件下军事训练的鲜明特征，它可以仿真现代战场和未来战争以及各种先进的武器装备。同时，依托互联网技术，实现信息的高速传递与高度共享，真正使信息成为决定战争胜负的关键因素。因此，在信息化条件下大力开展军事游戏模拟训练，必将对战斗力生成模式的转变产生积极影响，促使我军战斗力生成模式早日实现转型升级。

由此可以得出结论，从理论和实践两个角度来看，研究军事游戏模拟训练都具有十分重要的意义。这不仅是丰富和完善我军军事训练的现实需要，更是指导我军未来军事训练发展方向的长远需求。我军能否在新军事革命浪潮中勇立潮头，领先世界水平，能否实现在信息化条件下跨越发展、提高军事训练效益、提升部队战斗力，与军事游戏模拟训练发展的好坏有直接的关系。因此我军必须要高度重视军事游戏模拟训练，把军事游戏模拟训练提高到战略高度去分析把握，立足于我军实际，加强理论研讨，强化实践环节，以理论指导实践，以实践完善理论，不断健全军事游戏模拟训练体系，充分发挥这一新型训练模式的最大效能，提高战斗力。

第3章

军事训练模式与军事游戏模拟训练模式

研究军事游戏模拟训练，一个重要的任务就是构建起适合开展军事游戏训练的科学的训练模式。目前，军事游戏训练并没有相对固定的被公认的模式。基于此，研究军事训练模式与军事游戏训练模式的关系，通过比较借鉴，为军事游戏训练模式构建提供理论支持，是不可缺少的环节。军事游戏模拟训练作为军事训练的一种形式，在相应的军事游戏模拟训练模式和军事训练模式上既有联系，又有区别。军事游戏模拟训练模式的构建，应首先廓清军事训练模式和军事游戏模拟训练模式的定义、内涵及其基本理论，准确辨析军事训练模式与军事游戏模拟训练模式的关系。

3.1 军事训练模式

作为理论联系实践的中介，任何一种模式的构建都有一定的理论做指导，为了解决一定的问题或实现特定的目的。从军队角度看，如何有效实施军事训练，提高部队战斗力就是军队工作的中心问题和最终目的。以军事训练理论为指导，有规则、有组织地实施军事训练，最终达成提高部队战斗力的目的，这就是一个清晰的军事训练模式。简单来讲，军事训练模式就是在军事训练理论的指导下，有效开展军事训练，从而提高部队战斗力的一个具体过程。

1. 军事训练模式的概念

《辞海》对“模式”的诠释是：“模式亦译‘范型’，一般指可以作为范本、变本、模本的式样。”关于军事训练模式的定义，一些研究对其进行了深入研究和探讨，有的认为，“训练模式是包括运行方式、训练内容、组训方式、训练管理和训练保障等要素在内的一种军事训练的标准范式”。有的认为，训练模式是“在一定的训练理论指导下的、在某种环境中展开的训练活动进程的稳定结构形式”。还有的认为，“军事训练模式应指从军事训练实践中总结、提升的，用以规范和指导军事训练组织实施过程的基本样式”。综合以上观点，并参照《现代军校教育学教程》（董会瑜主编，军事科学出版社，

2007 年版）对教学模式的分析，我们认为军事训练模式可界定为：在一定训练理论指导下，经过长期训练实践形成的训练过程的结构、顺序和范型。模式其实是一种人工的设计艺术，从设计艺术的角度看，军事训练模式可以看作是对军事训练发展形态和样式的一种设计。进一步说，它是在军事训练规律和原则的基础，根据军队训练特点和训练实际，综合运用训练内容、组训方式、训练管理等军事要素设计出来的军事训练样式，用以规范军队的训练，达成特定的军事训练目的。

2. 军事训练模式的基本内涵

内涵是内在的隐藏深处的对某一事物的认知感觉。军事训练模式是经过长期训练实践形成的、反映具体教学过程本质规律的产物。从军事训练模式的概念和定义看，军事训练模式可以从以下四个方面加以理解。

1）训练模式是指训练过程的结构、顺序

军事训练由组训者、受训者、训练内容、训练方法和训练环境等要素组成。这些训练要素，以及这些训练要素相互作用、相互制约，构成了一定的时空结构和时空关系。在训练实践中，由于训练过程中要素结构、时空关系、训练内容的不同，就会形成许多不同的训练模式。

进一步讲，训练模式是一个复杂的体系，它可有一个模式构成，也可有许多分模式组成，模式之中又有很多变式。一般情况下，后者占据大多数。因而可以说，训练模式通常是模式与模式之间、变式与变式之间相互作用的复杂体系。

2）训练模式是训练理论与训练实践的中间桥梁

训练模式是在一定训练理论指导下形成的，是为达成某一训练目的，某种训练思想的具体化和简略化。同时，训练模式的形成和发展受制于训练目的、训练对象、训练内容和教学条件，是训练思想与训练实践相结合、相协调的结果，也是对实践中教学经验的概括和凝练。因此，可以说训练模式是介于训练理论与训练实践之间的事物，起着表达、固化的作用。

3）训练模式是训练规律和训练原则的运用与体现

训练模式、训练规律和训练原则三者之间既有区别又有联系。训练规律是一种客观存在，是总结归纳训练原则的客观依据。而训练原则是依据训练规律制定的指导军事训练的“准绳”。因而可以说，训练规律总体上制约训练原则，训练原则服从并服务于训练规律。

而训练模式作为人们对训练规律的一种主观反应，在不同程度上使得训练规律和训练原则具体化，是人们主观上对训练规律和训练原则的运用和体现。因此，不难得出，训练模式具有使训练规律和训练原则具体化，又使训练实践经验得以概括升华的功能。

4）训练模式是一种范例

训练模式作为联系理论与实践的中介，在军事训练中将无形的训练思想、训练理论形象化、具体化，并以一定的结构和时空关系表现出来，使人们从理论到实践找到了体现某一训练思想、训练理论的范型。同时，训练模式又是许多训练实践活动、过程的高度概括，是由训练实践抽象、升华的结果，在某种意义上为复杂的训练过程提供了参考示例。它并不是提出一种新理论，而只是显示在训练过程中如何贯彻某一种训练思想和理论，是从比较深远的理论背景上来考虑训练对象、训练目的、训练内容、训练方法等一系列因素的联系，并且用具体的方法来表达复杂的训练过程，使之成为实施某一种训练思想、训练理论的范型。训练模式与训练实践经验相比，它是抽象的，有很强的理论色彩；与训练理论相比，它又是具体的，有很强的直观性和可操作性。

3. 军事训练模式的基本类型

军事训练在长期的实践过程中，形成了多种多样的训练模式，而当数种训练模式具有相同或相似的特征时，便可以将其归于同一类训练模式。认真审视军事训练模式的类型、种类，可以发现训练模式的分类多种多样，有的着眼于训练内容，有的着眼于训练理论，有的着眼于训练过程。根据分类的基本原则，在划分军事训练模式的类型时，应充分考虑以下三个条件。

（1）训练模式的分类标准、原则在同一层面上，相互之间不存在重叠、包含和交叉等情况。

（2）每一类训练模式有明确的划分边界，能够清晰区别该类训练模式与其他训练模式。

（3）同一类训练模式在某一方面具备相同、相似的特征，并区别于其他类训练模式。

基于以上考虑，我们认为，军事训练模式主要有以下分类方法。

（1）从理论与实践关系角度分类。部队训练特别强调军事理论学习与训练实践并重，因此可以将军事训练模式分为理论教学模式和实践训练模式。

（2）从训练内容角度分类。包括共同训练模式、技术训练模式、战术训练模式、战役训练模式和战略研究训练模式等。

（3）从训练对象角度分类。包括士兵训练模式、军官训练模式、建制单位训练模式、联合训练模式。

（4）从训练手段角度分类。包括利用武器装备训练模式、利用模拟器材（系统）训练模式、利用网络训练模式、利用基地训练模式等。

（5）从教练方法角度分类。包括讲授式、演示式、观摩式、学习式、练习式、作业式、演习式等。

（6）从训练理论角度分类。包括一体化训练模式、通用化训练模式、开放式训练模式、超前性训练模式等。

3.2　军事游戏模拟训练模式

利用模拟器材开展军事训练是军事模拟训练模式中常用的一种训练手段。与大多数模拟器材的功能相类似，军事游戏也是利用技术手段实现对各种军事活动和军事要素的模拟。以军事游戏作为军事模拟训练模式的一种具体训练手段，也就产生了军事游戏模拟训练模式。参考军事训练模式的概念，军事游戏模拟训练模式可以简单地概括为在游戏化训练理论的指导下，以军事游戏为训练手段，有效开展训练并达成特定训练目标的具体过程。

1. 军事游戏模拟训练模式的概念

军事游戏模拟训练是信息化条件下利用计算机、仿真设备、模拟训练器材等，通过军事游戏程序开展的一种军事训练活动。从现有文献资料看，对军事游戏模拟训练模式的研究成果还很少。边防学院董德怀认为，“游戏化训练模式，是在一定的训练理论的指导下建立起来的，为完成特定训练目标，建立在军事训练游戏软件基础之上的，较为稳定的训练活动结构框架和活动”。还有人认为，“游戏可以设置不同的对手和环境，以逼真的方式展现装备的外形、构造和原理、能够提高官兵的战术意识和指挥、协同能力”。

综合上面关于模式、军事训练模式，以及学者关于游戏化训练模式的定义，并结合军事游戏模拟训练的特点，可以看出军事游戏模拟训练模式，既应遵循模式的一般规律，又有其特定的内涵和外延。军事游戏模拟训练模式，强调建立在军事游戏训练软件基础上，训练的展开必须以军事游戏训练软件为依托；为达成特定训练目标而存在，训练目的具有很大的局限性；以计算机模拟、仿真技术为支撑，信息化程度高，可重复应用。因此，军事游戏模拟训练模式可概括为：在一定训练理论和教学理论指导下，为达成特定训练目标，以军事游戏软件为基础，经过长期训练实践形成的较为稳定的训练过程的结构、顺序和范型。

2. 军事游戏模拟训练模式的基本内涵

军事游戏模拟训练模式，是军事训练模式的一种下层概念，在基本内涵上服从于军事训练模式的本质内涵，即是训练过程的结构顺序、是联系理论与实践的桥梁、是训练规律的运用与体现、是一种范例。然而，军事游戏模拟训练模式，由于其训练主体、训练客体和训练方式的特殊性，在其基本内涵方面，还应包括以下内容。

1）以游戏练兵的方式达成特定的训练目标

游戏练兵可以理解为按照训练目标和训练对象的特点，合理选择或设计训练游戏，结合协作、探究、竞争、任务驱动等策略开展相应训练活动的过程。军事游戏模拟训练模式是采用游戏练兵的训练方式。受训练中军事游戏内容的制约，因而训练目的具有很大的局限性。呈现出特定的军事游戏对应特定的训练目的这一明显特征。在多数情况下，军事游戏模拟训练模式制定的训练目标都具有高度的复杂性和不可操作性，在常规训练模式下难以达成，必须依靠游戏化模拟训练的方式才能够实现。因此，军事游戏模拟训练模式的一个重要内涵就是围绕训练目标的特点，设计合理的军事游戏，进而以游戏练兵的方式达成这一目标。具体来讲，它包括以下两个方面：

（1）依据训练目标，创新游戏练兵理论。《军语》中讲：训练目标是开展训练活动所要达到的目的和标准的统称。在部队开展军事训练的活动中，训练目标主要用以帮助官兵掌握军事理论知识和相关军事技能，提升官兵知识水平与能力素质。我军传统训练模式的训练目标主要是帮助官兵掌握现有的军事理论知识与技能。在信息化时代的大背景下，随着高新技术的发展、武器装备的更新、理论研究的深入，军队的传统训练模式已无法满足军队快速发展的需求。而军事游戏模拟训练模式却能够依靠先进的计算机仿真技术和计算机游戏虚拟技术实现依据特定的训练目标，合理设计训练游戏开展相应的训练。随着军队使命任务的不断拓展，游戏练兵越来越成为战斗力快速生成的有效途径，依据特定的训练目标，创新发展游戏练兵理论，无疑将是未来军事训练的一个重要发展方向。

（2）瞄准训练目标，拓展游戏练兵实践。本书在第 1 章提到，研究军事游戏模拟训练的实践意义在于它有利于形成军事游戏训练模式，有利于改进组训模式，有利于转变战斗力生成模式。因此，不难看出，在信息化条件下相比传统训练模式而言，军事游戏模拟训练模式在改进组训方式，加快转变战斗力生成模式方面具有独特的作用。在部队的训练中，瞄准训练目标，拓展游戏练兵实践，一方面有利于部队改进组训模式，加快转变战斗力生成模式；另一方面，通过训练实践，可以进一步检验军事游戏模拟训练模式的科学性，为模式的改善提供现实依据。

2）以军事游戏为牵引设计训练内容

军事游戏以模拟武器系统性能，战场背景和人员行为，通过完成各种作战任务来达到娱乐的目的。随着电子技术和仿真程度的提高，利用军事游戏开展训练，相比较传统的训练模式，可以使部队的训练内容得到极大的丰富。现代武器装备更新换代快，士兵通过传统的训练模式掌握现有的武器装备和作战技能，已不能够满足部队实际需要，无法在新军事变革的大背景下快速形成战斗力。而以军事游戏软件为基础的军事游戏模拟训练模式则能够弥补传统训练模式的不足，它利用军事游戏软件强大的虚拟性和可塑性的特点，对即将列装的高科技武器装备进行仿真，使士兵提前熟悉武器装备的操作，掌握作战技能，实现装备列装与战斗力形成的无缝衔接。

（1）大纲规定的训练内容与创新训练内容相结合。部队组织训练，训练内容必须要严格依照训练大纲的规定，绝不能脱离大纲自行其是。以军事游戏为牵引设计训练内容，绝不能够脱离大纲的规定，天马行空，必须按照战斗力生成模式转变的需求，将创新训练内容与大纲规定的训练内容严密地结合起来，着力解决好各阶段训练内容不科学，新旧科目搭配不当等问题，重点突出军事游戏牵引作用，突出高技术条件下、复杂战场环境下的创新训练内容，切实提高部队的训练水平，提高部队在复杂条件下的作战能力，使部队提前适应未来战争。

（2）传统训练内容与新型训练内容相结合。传统训练模式中的训练内容注重知识的记忆和技能的学习，而在知识的发掘和技能的创新方面则相对缺乏。这对于军事训练的创新发展是非常不利的。为了能够有效促进军事训练的发展，新型的训练内容在注重传统训练内容的基础上，还要兼具启发和引导的作用。以军事游戏为牵引设计的训练内容，在继承传统的基础上，改变了传统的硬性教学方式，利用军事游戏的趣味性特点，变被动接受为主动吸收，主动创新，为军事训练的发展注入了活力。

（3）课堂讲授内容与实践练习内容相结合。课堂上的学习与课堂外的实践练习是两种相互促进，相互补充的训练手段。课堂上讲授的内容用以指导实践操作，而实践操作的练习又反过来补充和完善书本上的知识。这两个方面如果不能很好地结合，必然使训练的效果大打折扣。在军事游戏模拟训练模式中，以军事游戏为牵引设计训练内容，紧密地衔接课上课下两个训练环节，能够迅速将课堂上所讲的知识在虚拟世界中直观再现，趁热打铁，强化官兵对知识的理解和对技能的掌握。

3）以先进的技术手段为支撑创新训练手段

与其他训练手段提供的训练环境相比，军事游戏模拟训练模式所提供的“虚拟”训练时空追求近似实战体验的“客观真实”，为受训者提供更加逼真的训练体验。一方面军事游戏模拟训练模式可以利用技术手段打造出逼真的训练场景，并采用各种声光烟雾设备，对训练场景加以渲染和烘托，营造出一种贴近实战的氛围，使受训者进入游戏，犹如进入真实的战场；另一方面根据训练目的，导演组可以灵活采用合适的剧情，为训练营造真实的故事背景，从而使受训人员快速地进入角色，深度融入其中。

（1）情景训练法。情景训练法是指在训练过程中，有目的地引入或创设具有一定情绪色彩的、以形象为主体的生动具体的场景，以引起受训者一定的态度体验，从而帮助受训者理解所学的军事理论知识和技能，并使受训者的心理机能得到发展的创新训练方法。在军事游戏模拟训练模式中，情景训练法是常用的一种新型训练手段，它借助军事游戏中图片、文字、声音、视频等多种媒体信息，立体呈现训练内容，使训练内容更加直观形象。

（2）模拟演练法。模拟演练法是指模拟真实作战实情进行直观训练的训练手段。它将受训者放置于近似真实的作战环境中，使其通过亲身接触模拟的客观情况，获得必要的感性知识和技能，以此加深对知识和技能的理性认识，提升解决问题的能力。军事游戏模拟训练模式中采取的模拟演练法则主要指综合运用计算机仿真技术和计算机游戏虚拟技术，多角度全方位为受训者提供一个逼真的训练环境，使受训者得到近似实战化的训练，逐步适应信息化条件下的现代战争样式。

（3）网络对抗训练法。简单地讲，网络训练就是运用网络技术开展的网上训练活动，是适应信息技术发展对军事训练手段的创新和拓展。结合了军事游戏技术与网络技术的网络军事游戏，成为开展网络军事游戏训练的有力的平台。依托网络组织开展军事游戏活动，是深化军事训练改革，适应基于信息系统体系作战能力建设的需要。因此，由网络军事游戏的引入而形成的网络对抗训练法，对于部队转变发展观念，创新训练手段，研发新型网络军事游戏软件，以增强训练效果，提高训练质量具有十分重要的帮助。

4）以科学严密的数据检验完善训练理论

训练模式是联系训练理论与训练实践的桥梁。训练理论通过训练模式作用于训练实践，指导训练的组织与实施。反过来，训练实践又通过训练模式反作用于训练理论，不断检验和完善训练理论。军事游戏模拟训练模式可以利用游戏软件强大统计和分析功能，通过精确的分析和计算，使无形的训练思想、训练理论得到具体化，快速地发现训练理论与训练实践之间的种种联系，从而更加科学高效地检验训练理论。

（1）通过数据分析对训练效果进行评价。军事模拟训练过程中，模拟系统中记录的模拟数据，不仅可以对训练结果进行评价，还可以对训练结果的原因、训练要素之间的关系进行综合分析。军事游戏作为一种在计算机技术基础上发展起来的虚拟仿真训练平台，其对训练过程中相关数据的记录能力更加强大。结合多种分析方法，通过对采集到的过程数据和训练主体数据进行分析，可以对军事游戏模拟训练所取得的效果进行一个客观公正的评价。这些评价信息对于部队武器装备的改进，编制体制的调整，训练规律的发现以及训练效率的提高，提供了现实参考。

（2）利用有效手段对训练活动进行反馈和矫正。通过对军事游戏训练所产生的相关数据和训练系统最终给出的各项评价结果进行深入研究，逐步对训练活动全过程所取得的成绩与暴露出的不足进行概括和剖析。运用定性和定量分析相结合的方法综合比较训练情况与训练目的，得出训练目的所达到的程度。根据理论与实践之间的差距，理清问题产生的原因，追根溯源，力求找到恰当的解决方法，矫正军事游戏模拟训练模式存在的问题，并能总结出具有指导意义的观点意见，使军事游戏模拟训练模式不断得到完善和发展，更好地满足部队训练的需求。

3. 军事游戏模拟训练模式的主要特性

近年来，中外军事游戏模拟训练发展非常迅速，其所具备的教育训练意义被广泛认同，慢慢形成具有明显特征的训练方式。军事游戏模拟训练模式以运用军事游戏软件为基础，除了具有军事训练模式的共性特征，还有一些自身的特征。

1）训练形式的虚拟性

作为一种训练模式，军事游戏模拟训练模式以虚拟模拟真实作战环境，将训练人员“投射”到特定场景中，达到练技能操作、练谋略对抗的训练目的。就军事训练的诸要素而言，受训者以角色、扮演者的形式，在计算机虚拟的场景中获取知识、得到锻炼。训练环境完全依托军事游戏模拟产生，以声、光、影等手段，营造地形地貌、阵地工事、武器装备和炸点音效等自然和战场景况，满足受训者对炮火硝烟等战场氛围的感知欲望。作战对手主要依赖程序设计，或通过程序“投射”生成虚拟作战对手，能较好体现敌军的逻辑思维、着装佩戴、指挥流程、战术技术等，在对抗、谋略训练组织上，具有鲜明的虚拟特征。

2）训练过程的互动性

军事游戏模拟训练以模拟训练对手、真实战场环境等方法，以“人机互动”“敌我互动”的方式，极大提高了军事训练的对抗性。虚拟或“投射”的作战对手，可根据受训者的变换而发生变化，因为红方决策和行动而采取针对性措施，谋略、技术和战术的对抗更加具有灵活性和随机性，能够有效克服在训练中“人为”将对手“想当然”等问题，更好地达到提高训练难度的目的。游戏的情况设置，更加注重随机性，敌方出现的时间位置、关卡障碍、射击目标和敌方武器等变化都是不可预知的，要求受训者必须随时根据实际情况而改变策略，在军事游戏模拟训练过程中不断锻炼思维和反应能力。

3）训练组织的简易性

军事游戏模拟训练依托计算机网络进行，不需要动用实兵、实装，不受天候气象、训练条件等影响和制约。兵力的调动、展开、攻防转换和武器装备实打实爆等在虚拟空间完成，军事行动所造成的油料、弹药、器材和生活供需品等消耗，以及训练安全风险等大大降低。而且，军事游戏模拟训练可以重复设置模拟作战场景，减少训练损耗，降低训练费用，缩短训练时间，节约训练成本。

3.3 军事训练模式与军事游戏模拟训练模式的关系

军事训练模式、军事游戏模拟训练模式都是军事训练的一种范例。从两者的定义、内涵等来看，军事训练模式与军事游戏模拟训练模式既相互联系，又相互区别。

1. 军事游戏模拟训练模式是军事训练的一种辅助模式

随着以信息技术为代表的军事高新技术应用于军事训练领域，不可避免地对军事训练的内容、方法，以及传统军事训练模式带来改变、造成冲击。军事游戏训练是军事训练的新兴领域，其充分运用计算机仿真和模拟技术，通过军事游戏系统，模拟复杂多变战场环境、不同武器装备，设置样式不一的战场态势，既提高了军事训练的实战化水平，又克服了场地、天气等诸多条件的限制。从军事游戏训练的特征看，其较好地解决了军事训练面临的诸多难题，是对传统军事训练的有效补充。而军事游戏模拟训练模式是对军事游戏模拟训练实践的模拟提炼，因此，也可以说，军事游戏模拟训练模式是军事训练的一种辅助模式。

2. 军事训练模式为军事游戏模拟训练模式的构建提供依据

军事训练是军事领域最活跃、最具能动性的实践活动。在不同的历史时期，受战争形态、编制体制、武器装备、官兵素质、军事理论等发展变化的影响，军事训练会根据不同的要求将不同的教育观念转化为相应的训练行为和训练实践。而这些从军事训练实践中总结、提升的，用以规范和指导军事训练组织实施过程的基本样式，也就是军事训练模式。军事游戏模拟训练作为军事训练的一种样式，在训练要素构成、训练流程确定等方面有明显的相似性。因此，在军事游戏模拟训练相应的训练模式构建中，也必然遵循军事训练模式构建的一般规律和基本原则，即从训练思想、训练目标、训练游戏的选择或设计、游戏训练的程序和训练的质量评价等方面，来构建军事游戏模拟训练的基本模式。

3. 军事游戏训练模式为信息化条件下军事训练模式的创新发展提供新动力

军事游戏训练模式以军事游戏为基础和依托，在游戏中贯彻军事规则，把游戏与训练结合起来运行，在游戏中训练，在训练中游戏，能够极大地增强模拟训练场景的真实性和模拟训练中竞争与合作的互动性，是军事训练发展到一定阶段、信息技术广泛运用于军事训练领域的必然产物。军事游戏模拟训练模式，伴随训练改革而产生，代表了军事训练信息化、虚拟化的发展方向，其本身既是对军事训练模式的丰富拓展，也将对其他信息化的训练模式产生积极的推动和促进作用。主要体现在三个方面：

（1）军事游戏模拟训练模式改变了训与学的传统模式，在虚拟中学、在场景中练，以人、机对话的形式，赋予了信息在军事训练中新的意义和价值。

（2）军事游戏模拟训练模式改变了熟悉的训练方式，受训者足不出户，就可完成单兵、班组，甚至合成训练、联合训练的全部战术、技术训练内容。

（3）军事游戏模拟训练模式改变了战争、训练的关系。传统军事训练往往是战争需要什么就专攻精炼什么，而通过游戏模拟的方式，可以模拟未来战争、设计未来战争，使军事训练与战争平行发展、超前发展成为可能。

3.4 军事游戏模拟训练的基本模式

任何一种军事训练模式的提出与发展，都是在时代发展的基础上，对传统训练模式的创新和超越。科技的革新，必然推动军事训练形态发生全面性的变化。伴随着我军信息化进程的加快，特别是仿真技术与信息技术的飞速发展，我军对军事游戏模拟训练需求也随之大大增加，由此引发军事游戏模拟训练的革命性进展。而在众多军事游戏模拟训练模式中，其训练指导思想、训练方法、组训要求、模拟内容以及训练效果评估系统在本质上具有一定的相似点和共通之处，而这些相似点和共通之处就构成了军事游戏模拟训练的基本模式。目前，我军军事游戏模拟训练尚未形成一种普遍适用的基本模式。因此，研究军事游戏模拟训练的基本模式，为加速构建能够广泛应用于部队训练的军事游戏模拟训练模式提供科学指南，是当下非常重要的工作。

3.4.1 构建军事游戏模拟训练基本模式的依据

一般来说，良好的军事游戏模拟训练基本模式能够将新式训练理念和实际游戏训练紧密结合在一起，能够将不同训练基本要素有机组合成一个整体并实现其预定的基本功能，能够使受训者摆脱枯燥的现实训练，在模拟游戏训练中完成既定军事训练任务。事实上，没有哪一种训练模式不是来源于一定的军事训练理论、聚焦于特定的训练目标、受制于特定的训练约束条件并最终在实践中逐渐运用并走向成熟的。因此构建军事游戏模拟训练的基本模式，必然遵循其基本规律、特定目标、训练属性以及约束条件。总的来说，构建军事游戏模拟训练基本模式，需要把握以下几点。

1. 把握军事游戏模拟训练目标的内涵

军事游戏模拟训练既然从属于其军事训练属性，必然包括计划性及目的性。作为一种更为便捷高效地完成军事训练任务的训练方法，军事游戏模拟训练必然要提前制订训练计划、明确训练目标，并通过适当的训练方法和训练时间以完成预定训练计划，在模拟训练中体现训练目标和训练模式的优越性。因此构建军事游戏模拟训练的基本模式，要牢牢把握其训练目标的内涵，对受训者在模拟训练中的反应要有一定的心理预期，对应在模拟训练中训练对象的反应表现上，包括军事技能方面、身心承受方面、情感认知方面等。这样，才能够更好地、有方向性地开展和实施军事游戏训练模式。

2. 理解军事游戏模拟训练理论的实质

任何一种军事游戏训练模式需要一定的军事训练理论和军事教学理论作为指导。作为军事游戏模拟训练模式构建的依据，军事训练理论和军事教学理论能够对基本模式的构建、修正、定型提供理论支撑，仿真系统中的模拟蓝军便是一个很好的例子；同时，军事游戏模拟训练模式中往往也能够看到军事训练和军事教学理论的影子，如军事教育方法学、军人心理学、军事训练基础理论等，进一步说，军事游戏模拟训练模式就是军事训练理论和军事教学理论的外化和具体外延。事实上，军事游戏模拟训练模式的本质就是一种军事训练，因此理解其训练和教学理论的实质是必不可少的关键环节。

3. 适合训练对象的特点和需求

对于不同受训对象，军事游戏模拟训练模式也不尽相同。由于受训对象在军事游戏模拟训练中居于主体地位，是达成训练目的、落实训练质量的主体要素，那么在具体的模拟训练中就要充分考虑到训练主体的心理感受、训练爱好、岗位需求以及能力素质特点，从而根据不同的受训对象科学地进行军事游戏模拟训练模式的构建。其中重点就是对一些通用的战场生存技能和特定受训者日后必备的专长技能进行针对性训练。例如在战士层面，要突出训练的趣味性和对抗性，如对于侦察兵种而言，侦查仪器如红外探测器的使用，专业技能如军事地形学都是要进行突出训练的方面；而对于机械化步兵来说，步坦协同战术和精确火控技能是战场生存的关键；而在军官层面，特别是对于司令机关，战场谋划、精确调控兵力分配和临机处置的能力在某种程度上能够决定信息作战下一场战役的胜负。显而易见，对于不同的受训对象，针对其不同的特点和需求，训练模式能够体现以人为本、科学高效的训练目的，更好达成训练目标。

4. 具备合适的训练条件和环境

能否进行高效便捷的军事游戏模拟训练，还是要看是否具备适当的训练条件和训练环境。其中，军事游戏模拟训练条件和环境既包括训练场地、训练设备、训练时间安排等“硬配置”，也包括进行军事游戏模拟训练的训练游戏的好坏、官兵的训练热情、训练首长决心等“软配置”。因此完善军事游戏模拟训练的硬配置，如建立大型模拟训练中心、购进高端配置的计算机等，协调军事游戏模拟训练的软配置，如激发官兵模拟训练热情、设置逼真游戏环境以增加游戏真实感等都是应该重视的方面。如果不具备良好的训练条件和环境，那么训练效果无疑会大打折扣。

3.4.2 军事游戏模拟训练模式的基本形态

由于军事游戏模拟训练模式主要依托军事游戏软件和游戏平台来运行，故其在表现形式上与其他训练模式有着极大的区别。换言之，其基本形态有着极其鲜明的特点，这些特点具体包含基本构架、运行流程、基本范型三个方面。

1. 军事游戏模拟训练模式的基本构架

军事游戏模拟训练模式的基本构架包括训练思想、训练目标、训练游戏的选择和设计、训练的程序以及训练的效果评估五个方面。

1）训练思想

军事游戏模拟训练最大的特色之一，在于其训练思想的独树一帜。思想是行为的先导，没有任何一个成功的训练模式不是在成熟的训练思想和扎实的训练理论指导下诞生的。同样，在构成军事游戏模拟训练模式的诸多要素中，训练思想和训练理论始终处于主导地位，是其他要素的“主心骨”和“大脑”。

2）训练目标

目标清晰，前进才有动力。在军事游戏模拟训练中，预定科学合适的训练目标是极其重要的一步，因为一个科学合适的目标能够激发受训者的训练热情、更好完成训练任务。一款好的军事游戏必然具备一个具体的训练目标，虽然目标会包含很多个不同的方面，但是一定有其侧重的方向。此外，一个清晰的训练目标也能是对模拟训练能否达到效果的一个评估参照。

3）训练游戏的选择和设计

军事游戏模拟不可谓不多，种类不可谓不杂。但毫无疑问，在军事游戏模拟训练中，一款上乘的军事模拟游戏无疑能够收到事半功倍的效果；反之，如果只是一味地强求将军事训练加入游戏中，而忽略游戏的趣味性和对抗性等吸引受训者的亮点的话，很有可能造成受训者对军事游戏模拟训练的抵触，从而难以发挥模拟训练的优越性。所以，选择或设计一款能够将军事训练和趣味游戏有机结合的军事游戏，不仅能够提高训练效果，更够激发受训者训练热情。而如何找到训练和娱乐的平衡点，是军事游戏设计者要关心的问题。

4）训练的程序

前面提到，军事游戏模拟训练从属于军事训练范畴，必然拥有严格、科学的训练程序，如在模拟训练中训练内容的展开顺序、训练活动的阶段顺序、训练方法的交替运用顺序等。模拟训练也是训练，要严格按照实战标准，从严从难出发，按照一定的程序进行训练。当然，设计模拟训练程序应因训练项目和受训者而异，不能够呆滞死板，毫无生气。

5）训练效果评估

训练效果评估就是整个军事游戏模拟训练的“收官之作”，通常是通过参照制定的训练目标、严格按照规范的训练流程、运用先进的技术手段对军事游戏模拟训练的过程和结果进行总体测评。训练评估应按照分级的标准，根据不同受训者的不同表现分别对应优秀、良好、中等、合格和不合格级别；同时训练效果评估应从多方面入手，综合参考受训者在模拟训练中的训练态度、训练科目难度、训练目标完成情况和完成任务的方式方法等。

2. 军事游戏模拟训练模式的运行流程

军事游戏模拟训练模式的运行流程主要包括军事游戏模拟训练平台的选择、军事游戏模拟训练任务的设置、军事游戏模拟训练组织准备、军事游戏模拟训练的实施和训练效果评估五个方面。

1）军事游戏模拟训练平台的选择

一般来说，军事游戏模拟训练平台的选择取决于训练目的，这是由于军事游戏模拟训练是为了能够达成训练目标、满足训练需求而存在。通常在选择过程中要考虑以下几点：

（1）备选平台是否能够提供模拟军事训练场景，即模拟平台是否逼真。

（2）训练设定参数是否能够有效完成训练目的，提高受训者的军事技能、知识储备以及军事素质。

（3）该平台是否拥有合理的训练评估系统，对训练设定、训练过程以及训练结果进行合理打分。

2）军事游戏模拟训练任务的设置

军事游戏模拟训练任务是军事游戏模拟训练的核心要素，这是由于不同的任务设定能够针对不同的受训对象，或者针对同一受训对象展开不同军事技能的训练。总体来说，训练目标是军事游戏模拟训练任务的最终所在，因此在军事游戏模拟训练中，一定要在训练目标的指引下，合理设置训练任务，达到完成训练、乐于训练的效果；同时，军事游戏模拟训练并不是脱离传统训练而独立存在，例如，军事技能的训练除了要进行模拟训练之外，更要在实际情况下进行实装实弹训练，因此决不能仅仅进行模拟训练而荒废了传统训练。此外，军事游戏模拟训练任务的设定须遵循军事游戏规则，否则娱乐性大于训练性，训练任务就不可能完成。

3）军事游戏模拟训练的组织准备

军事游戏模拟训练的组织准备是完成军事游戏模拟训练的必要保障，不同于传统训练方法，军事游戏模拟训练的组织准备具有以下两个特征。

（1）物资准备较少，不需要占用过多的训练场地、训练器材和实弹消耗，各种保障如网络保障、系统维护、音频控制等都较为简单。

（2）前期模拟准备工作量较大，军事游戏模拟训练依托军事平台展开，需要提前设置游戏场景、游戏规则、训练任务、参数设定等，模拟准备相对复杂。

4）军事游戏模拟训练的实施

军事游戏训练的实施可分为自发性实施和组织性实施。自发性实施是指受训者由于训练热情高或者是追求上进等因素，利用一切可利用的时间，自发进行军事游戏模拟训练，以提高作战技能和自身本领；组织性实施是指严格按照一定的组织流程和步骤，计划有序地开展军事游戏模拟训练，较前一种方式正规。

5）军事游戏模拟训练效果评估

军事游戏模拟训练效果评估是通过对整个游戏模拟训练过程的记录分析，为军事游戏训练效果提升提供支撑。

（1）创建军事游戏训练评价指标体系。围绕训练目标的达成，参照学习效果评估和军事训练效能评估的具体指标，确立军事游戏模拟训练效果评估的指标。

（2）确定军事游戏模拟训练各项评价指标的权系数方法。确定指标体系结构组成后，还应根据各项指标对综合评价结果的影响，确立评价指标权系数集。确定评价指标权系数集的方法通常有矩阵运算法、层次分析法（AHP）、模糊综合评价法、诸因素分析法等。

（3）综合评价结果计算。依据已经建立的效果评估评价体系和确定好的各项评价指标之间的权系数，可根据实际军事游戏训练过程，进行综合计算，得到最终的综合评价结果。

3. 军事游戏模拟训练模式的基本范型

军事游戏模拟训练有自己独特的范型，这些范型主要包括使用的范围、运用的条件等。研究军事游戏模拟训练模式必须要深入研究其基本范型，科学设计训练方法、训练组织形式、训练实施细则以及训练过程的结构框架，这样才能够使训练更加科学有效。

1）技能操作式军事游戏模拟训练模式

使用军事游戏模拟训练来进行高科技装备操控技能训练是近期发展的趋

势。在模拟真实的环境下，受训者能够在高科技装备未列装之前就进行训练，从而尽快形成战斗力，加快战斗力生成模式的转型升级。通过向受训者演示高科技装备的操作流程、使用方法以及注意事项，就能在训练中使之有效掌握，达到训练目的。

在技能操作式军事游戏模拟训练中，通过设定高度模拟仿真的训练环境、合理科学的训练模式、具有激励性质的任务驱动，同时采用团队竞争、小组协同的方式，使得受训者在完成模拟训练任务的同时，提高自身的军事技能。一般来说，技能操作式军事游戏模拟训练只要面对提高受训者对某一种军事技能的操作性熟练度。这样，军事游戏模拟训练既能帮助受训者完成既定训练目标，成为一名合格的军事战斗员，又能使其在模拟训练中感受到实弹模拟、战场感知、及时反馈、任务激励等模拟训练的优越性，使传统枯燥的军事技能训练转变为生动有趣的作战任务训练，提高受训者的训练热情。

2）战术培养式军事游戏模拟训练模式

但凡军事游戏都离不开一定的战术战役背景，而受训者正是在这种真实的作战背景下进行军事模拟时，才能够真切地感受到学习和掌握各种战术运用的重要性。实际上，从长远来看，提高受训者的战术战役素养要明显高于个人军事技能的培养。

战术培养式军事游戏模拟训练，是以典型战术战法作为军事游戏模拟训练的背景，在游戏系统内部规则的指引下，受训人员根据模拟战场的特征或情境，积极创新科学的战术战法，从而提高受训者良好的战术战役素养，提高受训者战场生存能力的一种训练形式。

对于战役战术素养的培育，军事游戏模拟训练以其高度的仿真性、无可比拟的安全性、灵活多变的可操作性、适合受训者的游戏性，大大提高了受训者的训练热情，能够使他们在训练中突破，发挥创新思维。另外，军事游戏模拟训练能够使受训者深深痴迷于“真实”的战场环境，产生身临其境的真实效果，引领受训者在军事游戏模拟训练中体验真正意义上的战场，以有效促进理论和实际的完美结合。

3）作战指挥式军事游戏模拟训练模式

作战指挥式军事游戏模拟训练能够提高军官的作战指挥能力，在模拟训练中受训者可以作为一名真正的“指挥官”进行自主决策，指挥游戏中的千军万马进行战斗，通过发送指令、下达战斗报告、呼叫支援、诸军兵种协同作战等方式进行作战、部署、组织军事行动。作战指挥式军事游戏模拟训练模式，就是以作战指挥训练内容变革为引领，以作战指挥模拟训练方法体系为主体、以作战指挥军事游戏训练平台为支撑的“三位一体”的训练模式，其中内容体系是核心，训练方法是关键，训练手段是支撑。在该模式下，既要牢牢把握理论层面的军事思想的创新，也要在细节层面创新战术战役的方法；既要把握世界军事潮流的方向，也要以我为主，自力更生，发展我军新式战法。这样，既有利于培养新式作战人才，又能够提高基层军官的军事理论素养，与当今不断变化的时代相适应。

与传统作战指挥式军事训练方法相比，作战指挥式军事游戏模拟训练既提供了逼真的作战环境、详细的作战计划，又能够为受训者提供发现问题、思考问题、解决问题的机会和平台；既是对指战员的一次在战术战役、军事技能方面的锻炼，也是对以往军事游戏模拟训练的一次检验，为受训者在未来实际战争中积累宝贵经验。

4）协同配合式军事游戏模拟训练模式

多人军事游戏，使得不同受训者之间能够在技能、战术、战役、战略层面进行连接、交流和对抗。众多参训人员可在同一作战时间、作战空间进行协同作战或对抗，这对参训人员协同训练、培养协同作战意识有极大的帮助。

所谓协同配合，是指参战的士兵与士兵之间、我军与友军之间的一种联合作战方式，实现了多种力量的有机结合。协同配合是军事作战中最常采用的方式，通过协同配合，往往能够实现“1 + 1 > 2”的效果。随着信息技术的发展，士兵之间的协同，军兵种之间的协同训练变得更为重要，协同配合式的模拟训练随之兴起。基于军事游戏的协同配合式模拟训练，是以典型军事游戏作为协同配合训练内容的载体，在游戏系统的引导下，受训人员根据军事游戏所呈现的具体情境或任务，采取更为有效的协同配合方式，从而培养受训人员之间的合作意识，提高团队的战斗能力的一种训练模式。

协同配合式军事游戏模拟训练模式体现协同训练在军事作战中日益重要的地位。协同作战是当今最通用的作战方式，协同的好坏直接影响一支部队的战斗力，而提高士兵之间的协同作战能力正是提高一支部队战斗力重要途径。未来的战争方式将是诸兵种的一体化联合作战，这就意味每个士兵都必须学会协同配合。基于军事游戏的协同配合式模拟训练要求解决基于真实情境的士兵协作配合问题。它通过计算机虚拟技术、仿真技术等前沿性技术手段，设置现实中无法找到的训练场地，以及一些目前还不具备的武器装备，实现士兵超前性训练。这不仅十分有利于部队基于现有条件的协同训练，而且还能够缩短人与武器装备的结合时间，快速形成战斗力。

5）思想灌输式军事游戏模拟训练模式

所谓思想灌输，就是指以特定的方式，生存法则，向接受者灌输特定的思维方式，价值理念，让接收者自然而然地适应一种特别的生活而不会产生反抗或抵触的情绪，即获得精神上的认可。基于军事游戏的思想灌输式模拟训练，是以计算机游戏作为训练内容的载体，在游戏程序的安排下，受训者根据早已安排好的游戏规则，进入到游戏的世界，接受虚拟世界的思想价值的灌输，然后映射到现实世界中，形成对现实世界行为和环境的认同的一种训练形式。

思想灌输式的军事游戏模拟训练有利于官兵更好地适应军营生活，缩短一些年轻士兵的不适期，使受训者在相关的情景中充分受到思维和人性的感染，在同一场所不断地暗示下学会表达、理解、忍受、认同，这种训练模式一旦应用于实际，受训者在虚拟的战争环境中生存、战斗，会逐渐培养出顽强的战斗精神。训练有效性的评价是衡量军事游戏模拟训练效果的重要依据，因此建立科学有效的训练模式评估方法、按照科学依据建立评估体系，对进一步改进军事游戏模拟训练模式、筛选出优秀的军事游戏训练方法有重大意义。

第4章

军事游戏模拟训练方法与评估概述

军事游戏模拟训练方法是在军事训练的基础上，以网络和军事游戏为依托，通过军事游戏为参训者模拟各种特定场景，通过任务关卡的形式达到训练目的。军事游戏模拟训练与军事训练的目的、指导思想等是一致的，军事游戏模拟训练是军事训练的一种训练方式。

4.1 军事游戏模拟训练方法

军事训练的本质内涵及其地位作用，是军事训练理论与实践中最根本性的问题。只有正确揭示军事训练的本质内涵，充分认清军事训练的地位作用，才能更好地认识与把握军事训练的原则规律，为组织实施军事训练提供科学的理论依据。军事游戏模拟训练作为军事训练的一种方式，军事训练的本质内涵及其地位作用就是军事游戏模拟训练的本质内涵和地位作用。

军事游戏模拟训练的本质可归纳为：通过军事游戏的方式，组训者有目的、有计划、有组织地对受训者所进行的传授军事理论知识、教练作战技能、演练军事行动的军事实践活动，其目的是提高受训者军事素质和部队整体行动能力，培养严明的纪律和优良的作风，以适应战争需要。军事游戏模拟训练本质的这一表述，阐明了其必须服从战争需要并服务于战争发展、军事游戏模拟训练具有鲜明的系统性、针对性和实践性，军事游戏模拟训练是反复操练循序渐进的持续发展过程，组训者的主导作用应与受训者的能动性相统一的本质内涵。

1. 军事游戏模拟训练必须服从战争需要并服务于战争发展

军事训练必须服从战争需要并服务于战争发展，深刻揭示了军事训练与战争实践之间内在的、普遍的联系。一方面，军事训练是为做好战争准备和赢得战争胜利服务的，战争需求决定着军事训练。军事训练是一种历史现象，它伴随着战争实践的出现而产生。每一次新的战争实践，都会给军事训练带来新影响、新要求，并直接促进了军事训练的新发展。因此，战争的发展牵引着军事训练的变化，军事训练的目的、内容、方法和手段，不是由组训者或受训者的主观愿望所决定的，而是由战争的客观需要所确定的。另一方面，军事训练是战争的“预实践”，对战争具有能动的反作用。军事训练可以研究和创新作战理论，指导未来战争。在和平时期，遂行作战任务的机会相对较少，作战理论的检验与发展更加依赖于训练实践，军事训练为探索和创新作战理论提供了实践的条件。

2. 军事游戏模拟训练具有鲜明的系统性、针对性和实践性

军事训练是一个多要素构成的大系统，具有内容复杂、对象多元、形式多样、方法多种等特点。从横向上看，各系统间是相互联系、相互制约的关系；从纵向上看，各系统又是层层递进的，表现为下一级系统是上一级系统的基础。正是这种联系，构成了军事训练系统的完整性和科学性。尽管军事训练的最终目的是赢得战争的胜利，但各类型部队在战争中的作战任务不尽相同，这就决定了军事训练必然具有很强的针对性，必须紧紧围绕特定的对手、特定的环境、特定的要求来展开，使训练目的、具体的训练活动与训练效果相统一。在军事训练活动中，通过各种训练掌握武器装备的操作要领、学习各种专业技术，以及进行图上和现地作业、实施各种形式的演习等，都是具体的操作性很强的实践活动；即便是军事理论的学习与研究，也必须紧密联系作战实际进行，并通过各种实践环节应用和深化所学理论。

3. 军事游戏模拟训练是反复操练循序渐进的持续发展过程

军事训练是生成和提高战斗力的实践活动，而生成和提高战斗力绝不是一蹴而就，而是要遵循由易到难、由简到繁、由低到高、由生到熟的渐进程序，经过反复的刻苦磨炼，才能达到预期的目的。这种反复操练循序渐进的持续发展过程，反映在训练内容上，就是按照由基础到应用、由技术到战术、由初级到高级进行优化组合，形成科学合理的内容体系，使受训者逐渐扩展知识和技能；反映在训练规模上，就是按照由单项、单兵、单件兵器的训练，到各级建制单位直至联合部队的训练，成梯次逐级扩大；反映在训练过程上，就是从基础训练到综合演练，依次递进、连贯实施，从而不断巩固和提高受训者的知识和技能，进而形成整体战斗力；反映在训练强度上，就是要让受训者在艰苦复杂的环境中反复摔打，培养吃苦耐劳、不怕困难、连续作战的战斗作风，才能熟能生巧，更好地掌握各种作战技能。

4.2 军事游戏模拟训练评估

训练有效性的评价是衡量军事游戏模拟训练效果的重要依据，因此建立科学有效的训练模式评估方法、按照科学依据建立评估体系，对进一步改进军事游戏模拟训练模式、筛选出优秀的军事游戏训练方法有重大意义。

4.2.1　军事游戏模拟训练评估的内容

军事训练计算机游戏是以仿真模拟为主要技术手段、以计算机及其网络系统为基础的训练系统，其目的是为了提高训练质量。但是影响训练质量的因素有很多，如训练系统的好坏，组训者合理利用系统组织训练的能力、受训者积极参与训练的程度等。这里我们主要讨论军事训练计算机游戏本身的效能，不考虑组训者的因素，指出军事训练计算机游戏本身效能的评估方向。

军事训练计算机游戏的效能是指该计算机游戏满足训练预期目标的程度或满足模拟训练各种功能要求的程度，它通过组训者组织受训人员使用相关游戏进行作战模拟训练表现出来。由于军事训练计算机游戏是进行相关模拟训练的技术基础，其效能的高低直接影响军事训练的效果。对军事训练计算机游戏的训练效能进行评估，其主要目的是通过评估军事训练计算机游戏的训练效能，找出其中关键的影响因素，指导军事训练计算机游戏的开发；深入的探索，为创建合理的评估方法及为军事训练计算机游戏系统的标准化、规范化提供基础和支持。

模拟训练突出的是训练环境的建立，突出模拟系统与受训者、试训者的人机接口，突出与实际环境的逼真性。军事训练计算机游戏效能的评估（以下称：效能评估），可以从对战争的模拟能力、关卡设计的合理性、与用户的交互能力等几个方面考虑，如图 4.1 所示。

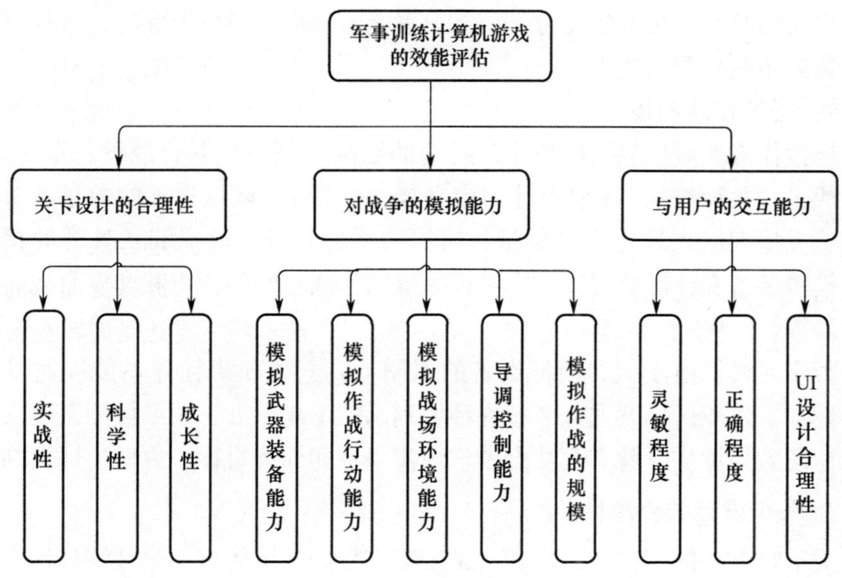

图 4.1　军事训练计算机游戏的评估内容

1. 对战争的模拟能力

军事训练计算机游戏对战争的模拟能力，反映了游戏的训练规模和逼真程度，是效能评估的重要指标之一。军事训练计算机游戏战争的模拟能力包括模拟作战的规模、模拟武器装备能力、模拟作战行动能力、模拟战场环境能力、导调控制能力等。

1）模拟武器装备能力

模拟武器装备的能力包括模拟武器装备的几何属性、物理特性、机动性能、工作过程、维修和抢修过程、终点效能的能力。其中，终点效能指的是游戏描述武器弹药对目标产生作用的过程，包括毁伤过程、弹道特性和射弹的结构特征等。

2）模拟作战行动能力

模拟作战行动的能力包括模拟兵力指挥控制的能力、模拟兵力机动（行军）过程的能力、模拟兵力对抗（作战）过程的能力、模拟保障过程的能力等。

3）模拟战场环境能力

模拟战场环境能力包括模拟陆、海、空、天的各种自然环境、人工环境及战场中的电磁环境、核生化环境、人文环境等的能力。

4）导调控制能力

导调控制能力包括特情的设置能力、进程控制能力、仿真粒度控制能力、评判与裁决能力、演练设置能力等。其中，仿真粒度控制能力指实现不同粒度模型之间的交互与操作的能力。演练设置能力指进行对抗训练时，对抗双方席位设置和角色分配的能力。

5）模拟作战的规模

模拟作战的规模包括模拟作战行动的层次（战略、联合战役、军种战役、合同战术、兵种战术、分队战术、装备操作层等）、模拟兵种的数量、专业的数量、支持的最大兵力实体数量、模拟的兵力规模、模拟装备种类的相对数量、模拟装备实体的相对数量、模拟系统的作战空间的面积和高度及战斗持续的时间等。

很多时候，由于软、硬件设备的限制，以上各项指标并不能同时到达最好。例如，作战区域宽式，区域内环境刻画就不能太细，太细可能系统支持不了。这时效能评估时就需要综合考虑现实条件和训练目标，再做出评估判断。

2. 关卡设计的合理性

关卡是游戏的基本构成要素，是游戏定位的具体体现，是训练目标实现的物质基础，关卡设计的合理性是游戏训练效能评估的重要内容。主要从关卡设计的实战性、科学性、成长性等级方面来考虑。

1）实战性

主要指关卡设计的内容、作战背景是否满足实战要求，是否有利于解决实际的军事问题。这是游戏设计的总体要求和根本出发点。

2）科学性

主要是指训练科目、想定及情况设置是否符合训练大纲，行动逻辑是否符合作战条例等。这是军事训练游戏的最基本的要求。

3）成长性

主要指关卡设计是否符合受训者学习、成长的规律，从易到难，体现从入门到专业的成长过程。这是使用者对军事训练游戏的客观要求。

为了满足以上条件，就需要游戏从策划构思，到设计立案，再到开发测试的整个过程中，都一直要有军事专家的指导，最好开发人员也具有相关的军事背景。

3. 与用户的交互能力

军事训练计算机游戏与用户交互的能力直接影响到受训者个人体验，是影响训练效果的重要因素之一，也是效能评估的主要内容之一。游戏主要由玩家通过鼠标、键盘、头盔、游戏杆等设备来进行操作，有些操作过程需要经过游戏设计的 UI（用户界面）来进行。因此游戏对外部输入反应的灵敏程度、正确程度，以及游戏 UI 设计的合理性直接影响了游戏与用户交互的能力。通常游戏对外部输入反应的灵敏程度、正确程度与硬件设备配置的情况及游戏内部程序的编辑运行情况都有关系。需要经过不断地测试和调整才能达到较好的效果。游戏的 UI 设计也要满足一定的原则，主要有：

1）科学性原则

由于军事训练计算机游戏与地方游戏不一样，其中会涉及一些武器装备的元部件及其使用流程、部队编成军事元素等，这时需要使 UI 的设计尽可能与实际一致。

2）简单原则

军事训练游戏的 UI 设计力求简单朴素。使 UI 能提供受训者足够的信息，满足相关的功能需要，但又使用简单，不影响受训者的体验游戏的乐趣。

3）友善原则

注重 UI 的可视性，使图标、元件乃至整体效果不仅美观，而且浅显易懂、意义明确，即使不作说明，其功能也能一目了然，从而使整个 UI 容易操作。

4）容错原则

UI 设计从用户的角度考虑，设法使其操作具有可逆性。允许用户的错误操作，使这些操作可以返回更改，并且游戏还能顺利、正确地运行。

5）习惯原则

在保证军事需求的情况下，使UI设计符合大多数用户的习惯。

6）一致性原则

尽管游戏中的UI界面很多，功能也不一样，但其整体风格应该一致，并且最好能与训练游戏的类型性质一致，使人在玩游戏的过程中不因风格的变化感觉到唐突。

4.2.2 军事游戏模拟训练评估的理论依据

1. 转型中的军事教育理论

转型中的军事教育理论是军事教育游戏产生的源头，应用的范围和效用的依据。军事教育游戏是在该理论的指导下进行设计，最后应用到军事教育中的。它产生并形成于军事教育的理论与实践，并为军事教育服务。转型中的军事教育理论强调：要大力创新教学内容，融传授知识、培养能力、提高信息素质为一体；要创新发展多样化教学手段，让学员成为教学的主体；要培养一体化联合作战的指挥人才，注重开发一体化的教育训练平台。

军事教育游戏设计时要注重网络通信技术，要加强多军兵种协作的运用；要注重各军兵种的武器平台、情报侦察、指挥控制、后勤保障等各个部分，做到一体化、互通化。另外，军事教育游戏的策略设计方面要注重灵活性，选择的多样性有利于学员自主学习能力和创新能力的培养。

2. 建构主义学习理论

建构主义学习理论是在皮亚杰（J. Piaget）、布鲁纳（J. S. Bruner）和维果茨基（Vygotsky）理论的基础上发展起来的。它主要强调学习者为中心，认为“情境”“协作”“会话”“资源”是学习环境中的基本要素。学习是学习者在一定的情境即社会文化背景下，借助他人的帮助，而实现主动意义建构的过程。这个学习理论中关于学习者为中心的观点，特别是它的关于学习环境四要素的观点，使军事教育游戏在环境模拟（画面、音乐、人物行为等）、游戏方式（单人个性化、多人协作化），以及帮助文件等方面的设计有了理论依据。

3. 教育传播理论

传播理论运用到教育领域的贡献之一就是揭示了教育传播中所涉及的要素，即教师、教学内容、教学媒体、教学对象、教学效果。教育传播是教育者按照一定的目的和要求，选择合适的信息内容，通过有效的媒体通道，把知识、技能、思想、观念等传送给特定对象的活动，是教育者和受教育者之间的信息交流活动。教育传播理论的传播内容分析、受众分析、媒体分析、效果分析等理论成果是军事教育游戏设计的理论基础。军事教育游戏设计时也需要对军事教育内容、学员、特点、游戏自身的特点、评价方法等进行分析。

4. 教育心理学原理

教育心理学的研究对象是：学校情境中学与教的基本心理学规律。因此，研究学习者心理是教育心理学的一个重要研究领域。军事教育游戏设计需要研究学员的心理，然后根据心理分析，设计游戏中的任务难度、奖励的大小、节奏快慢等内容。

5. 教学设计理论

加涅（R. M. Gagn）的教学设计理论是指根据不同的学习结果类型创设不同的学习内部条件和外部条件。因此，教学设计应该考虑教学中的两个维度：一个维度是学习结果的类型，另一个维度是每类学习的内部和外部条件。进行教学设计的目的是为了支持学习过程。教学设计理论是军事教育游戏设计的理论基础。军事教育内容怎样用游戏的形式去表现，需要教学设计理论的支持。通过教学设计来确定教学目标和内容、设计知识结构、选择教学策略和媒体并进行评价。在此基础上结合游戏的设计方法，转换成相应的游戏目标、游戏进程、奖励等游戏因素。

4.2.3　军事游戏模拟训练评估的要素构成

1. 军事教育内容（剧情）

军事教育游戏是为军事教育服务的，因此军事教育内容就成为游戏剧情的主要方面。当然，军事教育内容可以根据游戏性的需要，在不影响主要内容的情况下，进行一定程度的虚构。这种虚构不能违反相关的军事理论（战役学、战略学、战术学等）、军事史以及军事组织体系。军事教育内容不能生硬地照搬教材，需要改编成适合游戏的表现方式，否则对学员没有吸引力。但是整个游戏流程需要知识结构完整，知识点清晰。有些类型的军事教育游戏需要弱化剧情，只针对军事教育内容，加强模拟性，如作战实验型、器材操作模拟型等。而有些类型的军事教育游戏则需要加强剧情，如角色扮演型。一般剧情中需要描述三个内容：一是关于人物，主要描述人物背景、人物类型、主角、参加和不参加游戏的角色、敌人等；二是关于武器、物品，主要描述人物使用的武器、物品等的性能；三是关于任务（目的、关卡），这个内容是剧情的重点，体现教学目的，主要描述每个关卡的任务、场景、游戏进程，类似于电影剧本的分镜头角本。

2. 画面

军事教育游戏的画面质量直接关系到学员对它的第一印象。因此，画面是军事教育游戏所必需的要素，是带领学员进入沉浸状态的第一步。画面的构图、色彩、风格等都需要美工人员的精心设计。这里需要强调两点：一是关于尺寸，在游戏引擎、资金等条件允许的情况下，尽量使用3D画面；二是关于视角，画面显示的视角可以分为第一人称视角、第三人称视角、斜45°俯视视角等，要根据剧情的需要、游戏的类型来安排视角。

3. 音乐

音乐也是军事教育游戏的一个要素，是带领学员进入沉浸状态的一种手段。军事教育游戏的音乐可以自己创作，也可以截取现有音乐片段，还可以现场录音。采用的格式一般为CDA、MP3、WAV等。

4. 操作界面

操作界面是学员与军事教育游戏产生互动的纽带。如果没有操作界面，那么学员就像在看电影，因此精美的画面和传神的音乐也是电影所必需的。操作界面要形象化、具有亲和力、符合学员的操作习惯，让新手也可以轻易上手。在功能键方面，尽量不要设置太多，以免增加游戏操作的复杂性；键位的分布尽量是大家所熟悉的，如四个方向键代表前、后、左、右四个方向。在选项的多样性方面，尽量做到可以让学员自己调整参数来适应实际情况。比如难易度选择、游戏模式的选择（单人、多人）、武器的选择等。为了让学员熟悉操作界面及功能键的基本应用，最好使用一种“一步一动一的、基于简单任务的教学模式”。通过这种方式来掌握游戏方法，比仅是提供游戏帮助手册有用得多。

5. 游戏性成分

游戏性是军事教育游戏吸引学员的一个要点，也是产生乐趣的地方。游戏性可以是一些规则，也可以是一些任务。军事教育游戏的游戏性主要表现在三个方面：一是游戏的平衡，游戏双方总体实力上（资源、军队、武器、领土等）应该是相对平衡的，当然并不是在所有方面都要相等，例如，军队多的一方，领土就相对较少；二是游戏的AI（人工智能），游戏中的AI决定着计算机怎样和学员竞争，那种头脑简单的敌人，往往是AI失败的后果；三是游戏的难度，游戏要上手很容易，但是要精通却很难，或者每次玩游戏，都能有新的发现，这样对学员才有吸引力。

4.2.4 组训能力评估指标体系

根据军事游戏模拟训练的训练属性，军事游戏训练评估体系必然要依据军事训练目标而定，需要按照军事技能训练完成情况以及军事技能学习应用情况进行具体评估，并要发挥民主决策，广泛征求专家学者以及基层官兵的意见建议，然后制定训练效果评估指标体系。

军事游戏训练效果的评估指标主要包括以下几点：战场知识培养能力、武器装备操控能力、战场统筹谋划能力、战术技能运用能力、作战指挥调控能力、团队协作配合能力和信息交互沟通能力。

1. 战场知识培养能力

主要评估通过军事游戏模拟训练后，它是否有助于提高受训人员对战场知识的了解和掌握能力。包括对战场环境的基本认知、作战方位的基本概念及确定方法、军事地形地理的运用知识、军兵种编制体制的划分、各军兵种军衔符号的认定等。

2. 武器装备操控能力

武器装备操控能力主要指对武器装备的了解程度、掌握武器装备的熟悉程度、装备的结构原理、武器装备的基本人员配置等。评估军事游戏模拟训练是否能够提高受训者对武器装备操控的熟悉程度，实现人与武器的最佳结合，如狙击训练是否能够提高狙击手对狙击步枪的操控能力、控制系统训练能否提高炮手对雷达火控系统的掌握程度等。

3. 战场统筹谋划能力

战场统筹谋划能力包括根据对抗双方的基本参数确定最优方案的能力，权衡利弊，把握关键节点与制胜要素之间的重要关系等。主要评估军事游戏模拟训练能否提高受训人员对战场全局的把握能力、整体计算和统筹谋划能力等。

4. 战术技能运用能力

战术技能运用能力包括对基本战术动作的了解，对在何种情况下运用何种战术动作的了解，战役战术进攻、防御等基本方法，在战机关键阶段需要注意的主要问题等。主要评估军事游戏模拟训练是否能够有助于提高受训人员对战术基本技能的运用能力。

5. 作战指挥调控能力

作战指挥调控能力包括战役、战术层面指挥的具体方法，指挥方式和手段的灵活运用，组织进攻、防御战斗的具体策略，临机处置导演部的随机干预以及战场的突发事件等。主要评估军事游戏模拟训练是否能够有助于提高受训人员作战指挥和临机调控的能力。

6. 团队协作配合能力

团队协调配合能力包括如何在一群人中进行组织协调，发挥指挥员的魅力和威信带领作战团队走向胜利，进行各方面如后勤补给、前卫后卫、作战任务、伤员救治、进攻任务分配的协同，必要时牺牲小部分人以挽救更大的损失等。主要评估军事游戏模拟训练是否能够提高受训人员的团队配合意识和能力。

7. 信息交互沟通能力

信息交互沟通能力包括及时报告战场情况、与友邻部队或者队友进行有效信息沟通以感知更大范围的战场情况等。主要评估军事游戏模拟训练能否有助于培养提高受训人员的信息交互与语言沟通能力。

4.2.5 训练效果评估结果的运用

对于训练效果的评估，不能一味追求分数，简而言之，综合评价值并不一定是越高越好，而要根据模拟训练的目标导向来区别看待被评价游戏。例如，可能一款游戏在“单兵武器应用射击能力”方面评价指标较高，但总体评分不如另外一款游戏，那么这款游戏就可以针对特定人员如侦察兵突击队员等，进行对单兵武器应用射击能力的培养。

因此，对于一款军事游戏的综合性评价不能只看总分的高低，有时候单项指标的优势才是整款游戏的特色，换句话说，根据各项指标的具体分数来确定整款游戏的适应训练项目更为客观可行。

第5章 军事游戏设计开发

5.1 训练对象

普通游戏的受众通常为民间大众，军事游戏的受众除了民间玩家还会考虑到专用于军队仿真训练的专业军事人员。所以军事游戏在开发之初就需要将未来的用户群体进行定位。《光荣使命》在开发时针对的用户虽然是解放军，但是为今后发行改为民用市场留下了修改余地。《美国陆军》也是专门研发的军事游戏，但一开始就以民间普及为目的。《使命召唤》是纯粹出于民间商业娱乐的军事游戏。虽然军方没有公开声称将其用于训练，但由于其在作战仿真表现出的专业性、高度仿真性，同样被军队认可。

军事游戏如果面对的用户是军事人员，那么对于军队各兵种的专业划分及任务需求要有深入了解，尤其要考虑任务中将有哪些人员参与。军队中严谨的军衔、兵种、任务分工要求军事游戏的类型有所划分。例如：陆军需要第一人称射击游戏，或者模拟坦克作战的模拟类游戏；空军需要飞行模拟类；策略类的任务比较适合指挥决策人员；技术性较强的兵种如雷达兵需要操作雷达的仿真游戏。战争通常会涉及对平民影响，因此在军事游戏设计中会加入平民的游戏部分。例如，警察解救人质的游戏中，就有让平民操作人质角色配合警察完成任务的部分。这种军民合作的军事游戏，有助于培养民众在战时的自我保护常识。当军用版军事游戏需要向民间市场输出时，出于国防安全的考虑，对部分技术有保密的要求。军事游戏对民用市场的发行通常较为迟滞，甚至永远不对民用市场发行。目前，民间可接触到的军事游戏有些分成军用保密版和民用版。从军事游戏在民用市场的覆盖情况来看，军事游戏的个性较为独特，要求玩家有一定的军事常识和激烈对抗下的反应能力。再者，此类游戏对硬件平台有较高的要求。这些因素注定军事游戏在民用娱乐领域是一种相对小众的游戏。军事游戏在民间的推广很大程度上由玩家的态度决定。

军事训练计算机游戏，是对部队官兵和军队院校个人或集体进行训练的模拟系统（或者环境支持）。其针对的对象是人，包括确定战争全局或局部的决策者，指挥具体作战的指挥员，以及参与战斗的战斗员。采用计算机游戏进行训练的主要目的是利用计算机、网络和通信系统营造逼真的战争时空，即战争环境或战场环境，来训练这些战争的参与者，使受训人员掌握有关的军事理论和完成相关军事行动的技能，以适应战争的决策、指挥、作战行动的需要，节省训练经费，提高训练质量。

5.2 军事训练游戏开发的方法

目前市场上有很多的军事题材的计算机游戏，但是实践表明，用商业军事游戏进行军事训练，不但效果不佳，而且会带来诸多弊端。要有效开展游戏训练，必须开发符合我军训练实际的实用化、专业化和普及化的军事训练游戏。从可行性、开发成本和速度等方面考虑，可以采取以下办法。

1. 改造法

通过改造现有商业军事游戏，开发以培养武器装备操作技能为目标的训练游戏。当前流行的《模拟飞行》《装甲雄师》《猎杀潜航》等商业游戏，在模拟飞机、坦克、舰艇等大型武器装备的操作使用上仿真度极高，已具专业水平。与开发此类游戏的公司开展合作，采取购买源码、共同开发、军方定制等灵活的合作方式，直接修改游戏底层代码或数据，调整游戏中武器装备的技术指标和性能参数，使其符合我军武器装备的实际，即可成为优良的训练游戏。

2. 嫁接法

在我军现有战役战术模拟训练软件上“嫁接”游戏所具有的兴趣、挑战、好奇、探索精神等动机组件，以及情节与悬念、角色扮演、合作与竞争等娱乐元素，使其成为受官兵欢迎的训练游戏。例如：利用模拟训练软件的地形、地貌等底层数据，构建和驱动可视化战场环境模型，建立逼真的三维虚拟战场；将训练目标转换为游戏任务和关卡，加入升级、积分、奖励、排行榜等激励机制；加入武器音效和人员声效，使模拟训练不再是“无声的对抗”；将战场态势形象化，将抽象的军标换成相应的实体模型；运用多媒体技术，将软件界面设计游戏化；利用战术想定和案例创设带故事情节的游戏背景，营造战争氛围；改变模拟训练中“红方必胜，蓝方必败”的固定结局，设立开放式、多线程游戏式结局等。“嫁接”法成本低，开发周期短，技术难度小，游戏与训练的整合程度高，易于达成训练目标。

3. 引擎法

在商业游戏引擎的基础上，开发需要构建复杂战场环境和网络对抗环境的战术游戏。游戏引擎是专业游戏公司在长期开发中积累形成的可重复使用的游戏开发工具包，包含了开发大型游戏所需的核心底层技术。基于游戏引擎开发训练游戏，可以使开发者在高起点、高水平上起步，避开复杂的底层技术，将主要精力放在制定符合战斗规律的游戏规则和策略上，实现训练内容和游戏过程的融合，训练目标和游戏任务的统一，在提升游戏训练价值的同时，降低开发难度、节约开发成本、缩短开发周期并减少项目风险。著名的《美国陆军》就是基于“虚幻”游戏引擎开发出来的。

目前市场上有很多优秀的游戏引擎，本书涉及的游戏训练平台，都是基于引擎法来构造的。

5.3 军事游戏设计原则

军事训练计算机游戏，不是普通娱乐性的计算机游戏，而是一种专门用于军事训练的训练模拟系统，或者说训练平台，是为部队和军队院校实战化训练服务的。利用军事计算机游戏进行军事训练，其目的是为了提高部队的实战水平。对它的设计和使用，我们始终要注意以下几个方面。

（1）针对的对象和目的。军事训练计算机游戏，是对部队官兵和军队院校个人或集体进行训练的模拟系统（或者环境支持）。其针对的对象是人，包括确定战争全局或局部的决策者，指挥具体作战的指挥员，以及参与战斗的战斗员。采用计算机游戏进行训练的主要目的是利用计算机、网络和通信系统营造逼真的战争时空，即战争环境或战场环境，来训练这些战争的参与者，使受训人员掌握有关的军事理论和完成相关军事行动的技能，以适应战争的决策、指挥、作战行动的需要，节省训练经费，提高训练质量。

（2）要突出的重点。训练模拟突出的是训练环境的建立，突出模拟系统与受训者、试训者的人机接口，突出与实际环境的逼真性。训练模拟不需要对不同的作战过程进行反复研究，更多的是要通过训练使受训者了解相应的程序、过程和内容，熟练地掌握应该掌握的技能，并通过虚拟的过程实验得到相应的体验并积累经验，为实际的战争做好准备。军事训练计算机游戏，通过人在回路的方式，将受训者封闭在一个相对闭合的模拟回路中，使他能够沉浸在训练环境中，使得训练中的行为和训练的效果与战场实际相符合。所以军事训练计算机游戏更注重人体验的过程，而非游戏结果。当然，不可否认的是游戏中的战斗结果对受训者也有一定的激励作用，但这不是重点。

（3）基本组成要素。军事训练计算机游戏可用于技术训练、战术训练、指挥训练、决策训练，游戏模拟的是作战技能、作战指挥和战争决策的环境，其基本组成要素主要包括训练环境、训练模型、训练效果评估辅助系统等。

① 训练环境。为了达到训练的目的，就必须创造一个与实际接近的环境，虚拟现实是目前创造神似的最直接的方法，能使受训者能够身临其境，真正达到体验战争的目的。

② 训练模型。训练模型应该建立在科学的分析与描述的基础上，反映战争的环境、行为和特点，除此之外，更应该有以下特点：强调战争或作战的过程，而不过多强调作战结果的重要性，主要让受训者获得处理问题的经验；服从训练的需要，而不过多强调模型的准确性。必要的情况下，可以对模型的参数进行修改，锻炼受训者处置复杂情况的能力；强调模型与受训者的配合，具有良好的人机接口，增强受训者的沉浸感；需要一些针对训练需要的专有模型，如模拟操控系统、指挥通信系统、导调系统的相关模型等。

③ 训练效果评估辅助系统。军事训练计算机游戏是一种训练模拟系统，为了更好地对参与者的表现进行讲评和评估，游戏系统中需要配套设计相关的导演、监控、记录、复现和讲评的系统和模型，以便为施训者的最后讲评和总结提供手段。

在军事游戏开发的过程中，要遵循游戏的可玩性原则，如果违背这一原则，设计出来的游戏便没有玩的意义。

1. 什么是游戏的可玩性

游戏的可玩性，这是多少策划人员在纠结的问题。每个人对游戏的乐趣有不同的看法，必然导致个人对可玩性理解的局限性。一个良好游戏的设计，具备可玩性的基础是鼓励玩家去使用策略，通过玩家的策略之举使得游戏取得胜利。这里的策略不是策略游戏，而是玩家思考的空间，解决游戏中问题的多途径、多方法、多效果的思路，它意味着良好的游戏设计。那么游戏性讨论的核心问题就是如何去创造游戏中玩家思考使用的策略空间。同时，创造玩家解决问题思考的空间是游戏设计的核心。

2. 创造游戏可玩性的思路流程

1）创造游戏玩家需要达成的目标

即创造目标。我们在游戏中会遇到各种各样的问题，各种各样的目标，同时，目标的结构也是多种多样的，如主线目标加支线目标、挑战目标、探索目标等。目标具有多样性的特点，但核心目标才是胜利条件，在此基础上，有各类的小目标有助于达成胜利条件。

游戏目标分类如下：

（1）收集某些东西。

（2）赢得领土（war3、dota 等）。

（3）第一个到达某处（竞速类游戏）。

(4) 清除一系列障碍物。

(5) 发现探索。

(6) 消灭其他游戏玩家。

(7) 达到某个特殊目的。

当在游戏中有多个目标时，要弄明白它们之间的相互影响，目标之间的主次关系。不同的目标内容设定，目标结构设定会导致不同的思考空间玩法。

2) 玩家需要实现这些目标的方式

我们说到达特定目标所必需的测率统称为游戏的可玩性。第二步要做的就是实现目标的方式，也就是游戏可玩性的核心：达到游戏目标一系列有趣的选择。

创造这些有趣的选择需要以下因素：

(1) 策略的双面性，即玩家使用某种策略既有有利的一面又有不利的一面。有利的一面是指游戏价值以及在达成游戏目标具备的价值。不利的一面不单纯是狭义的反向价值，反向价值只是其中的一个方面，不利的一面也是相对于其他策略不具备的优势。当一项决定具备有利的一面和不利的一面，并且总体回报依赖其他因素时，那么这个游戏具备可玩性的价值。

(2) 游戏复杂的表现，简单的规则。浮现的概念：复杂性出于简单的规则。浮现由规则产生，这些规则与其他规则环境交互，产生多种有趣的选择，如《愤怒的小鸟》。

(3) 避免游戏中“受控策略”“支配策略”的产生，鼓励“准支配策略”。受控策略是指任何情况下都不值得选择的策略。支配策略是指好到不值得去做其他策略的策略。受控策略毫无价值，支配策略使其他策略毫无价值，所以两种策略都不能出现在游戏中。

准支配策略：仅在有限的条件下才能使用的选项。要将准支配策略作为玩家游戏中大多数时间使用的策略。

(4) 避免琐碎的选项。玩家解决问题的方案是非琐碎的，具备明显的核心策略，则游戏具备较高的可玩性。在制造规则时避免玩家琐碎的选择。

(5) 动态的游戏平衡，使游戏远离僵化。这是游戏可玩性的基础。不能硬性链接一个规则而希望获得游戏的可玩性，例如，兵种相克的概念，并非通过兵种对其他兵种伤害增加百分比来实现，而是通过兵种的属性：移动速度、攻击距离、伤害命中、闪避等动态属性决定的相克关系。

(6) 多功能性。在多种功能的基础上有强有弱，是对第一个思路的完善。例如，摧毁力、防御力、速度三个功能。

① 该策略是最具摧毁力的，但是最慢的；

② 该策略是防御最强的，但是攻击力较弱；

③ 该策略是最具速度的，但是防御最差的；

④ 该策略都不是做好最坏的，但是是最平衡的。

(7) 补偿因素。通过其他外围的补偿因素来给予策略好与坏兼备的两面性。一般补偿因素有购买价格、监视范围、环境因素、非永久性的补偿因素。

(8) 影子成本补偿因素。玩家的时间、努力、思考、操作、精力、资源都是影子成本。

(9) 协作。玩家配合良好为积极反馈，配合不好为消极反馈。通过玩家之间的配合达成游戏的策略性，玩家通过优势策略与劣势策略的互补达到玩家之间配合的策略性，游戏性更高。

(10) 随机性因素。通过玩家自身没有预料到的因素，使玩家获得胜利或者失败，俗称人品。

关于游戏，自问四个问题：

① 游戏的目标是什么？——核心目标和支持目标。

② 玩家怎样实现这些目标？——实现目标是否具备策略性。

③ 游戏玩起来怎样？——是否具备多选择性并且平衡。

④ 创建游戏可玩性的关键特色是什么？——即核心玩法。

5.4 游戏关卡设计

游戏对于其背景故事的需求必须注重故事衬托游戏体验的实际效果。设计者需要本着支持和扩展可玩性体验的目的进行剧情编排。毕竟游戏的目的不是讲述故事，打破纯粹阐述式的单线结构，自由的编排游戏体验是游戏情节设计的模式之一。也就是说在游戏开发中所采用的剧情不应该束缚玩家的游戏体验，而是应该增加游戏的娱乐程度并使玩家在游戏中感到放松和自由。尤其针对一些开放式结局的游戏，这类开放结局游戏原本最终获胜条件就不是唯一的，那么这类开放结局游戏其游戏过程甚至被设计成随意性更高的方式。

5.4.1 游戏关卡结构设计

游戏结构关系到内部细节如何配合，关卡如何展开，情节转折点如何登场。游戏通常以两种截然不同的方式面对玩家。有些游戏以固定次序挑战玩家，而有些游戏允许玩家自主发挥，并找到属于自己的方式通关。只有单一路径可以通关的游戏称为线性（linear）结构，或者说是以目标驱动的游戏。线性游戏拥有明确的目标，玩家必须在游戏中逐步完成目标才能得以继续，这种游戏是基于关卡的。例如，《使命召唤 4》分成 5 大章节剧情，每一个章节又分成 5 个小型任务。随着剧情推进玩家依次完成这 25 个任务就是一种线性结构。而另一种“沙盒”（sandbox）结构可能就要自由得多，在何时通关怎样通关方面，沙盒游戏一般只会提供暗示没有明确指令。沙盒游戏在挑战所有目标的顺序方面多少有玩家自己选择。有些沙盒结构采用开放式结局，甚至永远不会结束。设计师和其他开发人员为玩家创建出一个有趣的环境与布景，放进角色与道具，然后他们退居幕后，让玩家发挥他们的想象，按自己的风格来应对一切。在一个开放式结局的游戏中，设计者不得不面面俱到地设计出一切，同时也必要决定游戏世界在何处终结。一旦沙盒游戏的世界范围被确定，玩家就可以在这个限定内自由的做自己想做的事。例如，《长弓阿帕奇》中提供了训练模式和任务模式。其中训练模式给玩家提供了永远不会结束的飞行任务。这种无穷尽的任务的确起到了使玩家反复练习的目的。玩家可以在一个没有尽头的沙漠战场中攻击坦克，坦克的数量也没有极限。因为程序会消除看不见的陆地，同时又不断生成新的途径，坦克的数量也会在新的地域不断补充。

这款游戏的任务模式也采取相对开放式的结构，允许玩家在世界的几个区域战场任意选择完成挑战。与训练模式没有结局有所不同，任务模式有完成任务的最终目的。但是完成这任务不会影响剧情，因为游戏没有安排线性的剧情。给玩家选择的几个区域战场相互之间没有联系，更没有先后顺序，玩家甚至可以反复选择同一个任务进行挑战。

5.4.2 游戏关卡任务设计

关卡要有一个目标，即希望玩家通过此关卡而完成的任务。目标也可以有一些子目标，子目标之间成为串联或者并联关系。前后相连的关卡，要求玩家实现的任务也要有一定的关联，并且和整个游戏的总目标形成渐进从属关系。

游戏可以是一个架空的世界，玩游戏的人却是生活在现实世界之中。玩家很容易将游戏中的事件与真实世界中的价值产生联系。军事原本就是充满了对抗与冲突的一种人类行为。而军事游戏，则是基于真实军事事件的一种挑战式体验。将原本带有破坏性的军事行动，转变为无害化的种娱乐形式。这就使得军事游戏拥有较为丰富的冲突点作为可玩性体验的依据，并且利用好这些冲突设计情节与游戏体验。军事游戏中的冲突可以看作是伴随军事的具有挑战性的元素。现代军事自然离不开政治和科技，国际冲突事件，各国政府及军事部门在冲突中的表现。

军事类游戏在设计过程中有必要将这些实际的冲突加以考虑，以寻求灵感。军事游戏非常有利于表现游戏中的冲突，游戏中普遍存在的挑战与冲突在军事游戏中真正得到了增强与突出的表现。军事游戏的胜负原本就是游戏最基本的冲突情节。如果说电影是观众被动地接受剧情，那么游戏就给了玩家更多的主动性，玩家直接参与其中而更像是一个演员。因此，游戏得以用一种并非阐述的方式来表达情节。游戏过程中所谓可玩性，就是对玩家设置种种障碍，但最终目的是要玩家战胜游戏。一款游戏设置了挑战玩家的障碍，同时又为玩家提供了必要的资源以使玩家最终战胜人工智能（AI）控制的敌人。游戏的体验就是一个克服障碍的过程。

5.4.3 游戏关卡设计的内容

关卡设计的内容包括游戏情节、游戏中实体（如人物、武器、车辆、建筑、植物等）、游戏逻辑、规则等。关卡设计首先要选定关卡地图，这里关卡地形可以是实际地形，也可以是根据训练需要设计虚拟场地。地图选定后，需要对训练科目在地图上作战区域做进一步规划，以明确在什么地域完成什么样的训练科目。然后对游戏实体、场景和游戏运行逻辑设计做进一步设计。还要考虑以下问题，完成规则剪裁与补充。

1. 系列构成方式

将设计完成的所有科目都加入系列中，还是允许玩家自行选择其中一部分，或者每次游戏开始时系统随机选择一部分。

（1）权重。区分不同复杂度和难度的训练科目，从某些科目的战斗中获得的分值应该具有更高的权重。

（2）公平性。检查对于那些初始条件不对称的训练科目，如阵地攻防，是否需要采用对调双方位置的方式来平衡等。

2. 关卡设计的原则

关卡设计是游戏策划工作的重要组成部分，是实现游戏定位的具体手段。关卡的设计应该遵循以下几个基本原则：

（1）战术想定情景有实战意义，以练战术意识为主。特别要考虑复杂电磁条件下的联合作战。

（2）技术训练以接近真实的操作流程和形式得到体现。

（3）游戏中智能程度可控，数值设计和运行逻辑合理。

（4）在保证训练科学性的情况下，充分考虑游戏的娱乐性。

5.4.4 游戏关卡的实现

1. 数据准备

训练模拟的基础是数据。训练模拟系统的运行，需要广泛的信息与数据作为基础。从天文气象到地理环境，从人员、武器到作战过程，所有与战争相关的因素都需要量化为战争模拟所需要的数据。军事训练计算机游戏依托数据开始，依托数据进行，也依托数据完成表达。数据是模型加工的原料，数据的准确可靠程度直接影响模型的输出结果。按照数据在模拟中的作用，数据可以划分为基础数据、想定数据、方案数据、模型数据、模拟运行管理与控制数据等类型。

1）基础数据

基础数据一般指不因模型而变的，不受环境影响的、不受具体模型内容限制的最基本的数据，通常包括战场中地形地貌、气象环境等作战环境数据；各种武器装备的形态、作战性能、机动性能、防护性能参数等装备性能数据；部队编制数据等。这些数据通常主要来源于试验、训练演习、历史战例、兵要地志、文献档案等权威资料，并经过专业人员整理，输入到基础数据库中。

2）想定数据

想定数据是与战争模拟想定相关的数据，包括模拟战斗所涉及的地理环境数据、作战编成数据、武器装备数据、作战预案数据等。想定数据来源于想定文书，通常用于初始化战场状态。

3）方案数据

方案数据是描述战略决策、战役决心、作战计划、武器运用等各类方案的数据。训练游戏的关卡设计类似作战想定，又不同于作战想定。二者相同的部分在于都需要分析敌情我情、都需要给定上级意图；二者不同的部分在于关卡设计不需要预先设定或者假定受训对象以何种方式遂行作战行动——这个部分已经完全交到受训者，特别是担任指挥员角色的玩家手中。所以方案数据是训练游戏中最灵活的数据，基本由受训对象在实际游戏过程中产生。

4）模型数据

模型数据，顾名思义，是建立模型所需要的数据，可以源于指定数据库，也可以由关卡设计师临时输入，以获得较佳的模拟效果。

5）模拟运行管理与控制数据

模拟运行管理与控制数据是军事训练游戏必不可少的数据，包括用户信息、战斗分组、角色设置、作战样式、游戏运行条件等。用户信息通常由游戏运行环境层所涉及的数据库管理软件管理，由受训者每次训练累积产生，并受游戏荣誉管理系统控制。战斗分组、角色设置、作战样式、游戏运行条件等由想定确定，或由受训者在游戏进行时通过游戏人机接口进行选择和调配，由游戏的战斗管理系统控制。

每一次军事训练可能会面对不同的对象、有不同的任务和目标。一次训练可能是为了提高某兵种的某种专业技能，也可能是训练指挥员的指挥能力，也可能是让受训者熟悉某个区域的地形和作战环境。不同的训练内容对数据都有不同的要求，所以首先要对训练需求进行分析，确定数据的内容和形式，然后通过访问公共模拟数据资源库、访问领域专家等多种数据源来收集所需的数据。

2. 模型制作

要逼真地模拟战争，就需要对战争环境真实的再现，首先需要建立合适的模型。建模的结果要保证能清晰地描述和表示战争环境，还要描述这些环境对象之间的关系，以及活动主体与自然环境的相互作用。游戏中的模型主要包括实体模型和行为与交互模型。

1）实体模型

训练游戏需要在逼真的战场环境中进行，战场环境不仅包括相关的地形、地貌、水文、大气等自然环境；还包括建筑、防御工事、电磁条件、战火、装备等人为环境。需要对环境中所出现的各种物体建立模型，使它们通过合理地搭配能组合成逼真的战场环境。实体模型的很多参数需要建模的时候按照实际标准去设计，如武器装备的大小、形态、尺寸、物理特性等。有些模型参数需要在关卡设计过程中去调试修改，希望获得接近真实的战斗效果，如战场中的烟火、灯光、河流等。通常我们可以通过 Photoshop、3ds Max、Maya 、Motion-bulider 等图文声像处理软件完成单个实体的建模工作。3d Box 等常用商业软件为我们搭建和制作战场环境提供了方便。

2）行为与交互模型

游戏时，受训者和游戏实体会发生动作和相互作用，因此要建立相应的行为或交互模型，主要包括实体运动建模、战斗损耗建模、AI 决策行为建模等。实体运动建模，根据实体动力学特征，建立模型确定其发出动作时的运动状态和形态特征。例如，武器装备的运动，弹道的计算。战斗损耗建模，主要模拟实体在受到打击时各部分的损伤情况和表现的形态。例如，坦克在遭到袭击后的损伤情况。AI 决策行为建模，确定游戏中的虚拟兵力在什么条件下采取什么样的行为。一个正在巡逻的士兵，发现敌人后应该有什么样的反应。通常需要编写或者修改脚本程序，完成行为与交互模型的建模。

3. 游戏关卡制作

关卡制作是实现游戏的关键环节。可以说每个关卡都是一个虚拟的战场环境，在关卡中进行的每场战斗都有各自的战术想定和运行方式。模型建立以后，我们需要把它们按照想定的情况组合连接，在游戏关卡中表现出来。游戏关卡主要包括游戏场景搭建和游戏运行逻辑设计两项内容。

1）游戏场景搭建

游戏场景搭建包括自然环境编辑、战场环境模拟、武器参数调整、战场气氛渲染等，具体如下。

(1) 自然环境编辑：设计战场地形，天气情况。设置各种高地、土包、河流、植被等。

(2) 战场环境模拟：构建战场上的电磁环境、人工环境（主要包括阵地上的防御工事和各种建筑物等)、兵力配置。

(3) 实体参数调整：设置包含作战武器、装备的各种实体的性能参数。

(4) 战场气氛渲染：设置各种增强临场感的音乐、音效、烟火特效等。

2）游戏运行逻辑设计

游戏运行逻辑设计主要包括智能设计、玩法逻辑设计、玩家交互界面设计等。

(1) 智能设计：设置战场目的各种智能体运行逻辑。

(2) 玩法逻辑设计：设计游戏的玩法过程逻辑，相关运行数值设置，任务流向设计。

(3) 玩家交互界面设计：设计游戏过程中的各种交互控制界面和操控方法。

从游戏的多样性和复用性考虑，一些战斗控制参数可以由受训者从游戏UI（用户界面）输入，包括训练样式、关卡、角色、游戏起止条件等的设定。这个过程可以在游戏训练进行时进行。

4. 测试并完成修改

关卡制作完成后，组织专业人员对制作成形的关卡进行测试，收集用户意见。发现问题，及时修改关卡直到满足训练要求，并使用良好。

5.5 游戏训练环境设计

5.5.1 军事游戏的世界观设定

任何游戏的世界观可以被看作是游戏世界的形态与边界。游戏的世界观帮助玩家解读游戏世界。例如，游戏的时代设定，是古代还是现在，又或者是未来。游戏的世界观决定着游戏的规则，也决定着游戏中出现哪些元素。例如，《魔兽世界》拥有完整的世界观，构建了一个以神话传说为原型的魔幻世界。

就军事游戏的世界观而言，涉及战争发生的年代，是古代还是第二次世界大战，还是未来。作战双方有哪些成员国，如A国入侵B国。真实的地理位置，战场的地点是中东还是某一条北纬线两侧。战争的性质是武装干涉还是为了争夺能源。这一切都通常来源于历史、当前国际局势或者新闻事件。军事游戏的世界观都由上述真实材料加工而成。可以说世界观是游戏设计要素的一个统筹，世界观使游戏的任务产生了意义。这个意义是传达给玩家的信息，是游戏中客观存在的一部分。游戏中的价值观不会因为玩家的差别而改变。但是，游戏中的价值观会由该游戏研发地所在国的价值观不同而有所差异。例如，中国的军事游戏《光荣使命》与《美国陆军》在世界观和价值观上差别巨大。在《光荣使命》中可以在虚拟的训练场上看到“热爱人民”“报效祖国”等标语（图 5.1）这样的标语告诉玩家一个信息，游戏中的场景是中国的部队训练场。《美国陆军》的场景中可以看到美国街头的广告牌或中东建筑（图 5.2）。但是别最大的还是两国的战术差别。再如，外星人入侵等科幻题材，在中国不是一个严肃话题，所以中国的军事游戏一般不会涉及这一题材。然而外星人入侵在美国是作为防御议案的，因此科幻第一人称射击游戏《孤岛危机》在美国被看作准军事游戏。

图 5.1 《光荣使命》游戏场景图

图 5.2 《美国陆军》游戏场景图

1. 游戏子系统设计

游戏开发是一个完整的系统，将系统分为若干个单元，这些单元可以独立开发，在一组分布式计算节点上独立部署。在不破坏系统其他部分的情况下独立地进行更改。下面从军事游戏的规则、人工智能和武器等子系统分析军事游戏的子系统设计。

1）游戏规则子系统设计

游戏规则就是游戏实现过程中所必须遵循的逻辑。规则用于实现游戏性，同时也决定了玩家在游戏中的行为与约束。游戏的规则设计可以只是简单地响应玩家的操作，或者出于娱乐性的目的设计出违反物理世界常识的规则。军事游戏的规则需要战场统计的数据积累，为的是演算客观的结果。例如，《国际象棋游戏》中的“象”这枚棋子，只能斜线移动，棋盘上移动格子数无限，另外各棋子之间没有强弱之分。这种规则设计不需要军事逻辑也不需要专业军事策略，甚至可以是无道理可循，只是为了让下棋有法可依而制定。但如果军事策略游戏同样是单位在题图上的移动就需要考虑军事逻辑。例如，该单位一个回合内移动的距离为何是 3 格而不是更远，与敌军交战结果判断胜败的依据也经过严密的逻辑推演。因此军事类游戏中即使看似简单的一步棋，背后也有专业的军事理论，客观的评判标准作为规则的依据。

军事游戏的规则是依据从战争经验中总结的规则，并结合概率原理，对作战过程进行逻辑推演研究和评估的军事科学工具。往往临战之前，决策者们都要对决定战争胜负的各种因素进行比较和分析，从而策定用兵方略和作战计划。计算越精确，计划越周详，取胜的把握就越大。作战进程的推演需要涉及战场地形，各兵种军队单位，概率和随机事件，并且要制定详细规则模拟军队交战过程。这个过程是对战场空间和时间变化的模拟。以下以回合策略兵棋推演为例，描述游戏规则中的逻辑推算。

军事策略游戏按照严格、详细的裁决规则，运用模仿战场和作战单位的棋盘棋子，客观地对作战推演过程进行细致裁决的对抗性演练。这种游戏有着一套十分繁杂的交战规则，因此产生的结果比较客观。如果有人工裁决这些规则非常烦琐，推演起来十分费力，以至于裁判和控制人员要花较长的时间学习规则，并在对阵时进行反复的计算。

经过计算机化的战略推演已经发展出了相当一部分回合制策略游戏，如“大战略”“盖兹堡战役”“盟军与轴心国”等。但是其中基本的开发理念还是保留了军事策略的基本元素。“战场地图”“作战单位”“规则”“概率”四要素经过计算机程序化融入与游戏之中。

军事策略游戏的“战场”是将一块经过概略量化，并且能够反映地形状态由六角格组成的地形图，一般参考自某处真实地形数据，又或者是历史上著名战场的地形图。图上通常划分有沙漠、公路、沼泽、丛林、海洋等不同地理条件都按一定比例缩小。每一种地形都对行军和战斗产生不同影响。所有的作战单位都布置于六角格网状地图之上。“棋子”表示真正的参战单位。兵棋涉及的单位众多，因此各单位自身也包含多种信息，包括兵种、武器型号、部队番号、作战能力等参数。例如，标注的移动点数就表示该单位一个回合中所能跨越的六角格数量。逻辑推算衍生出的游戏核心要素是“规则”。规则是按照实战情况结合概率原理设计出的裁决方法和规定。主要是裁决双方的战场行动以及胜负判决。例如，一辆坦克标注的移动点是5，这个数值需要根据一定的公式按不同地形得出移动格数。在平地能够移动5个六角格，在沼泽因为地形不利只能移动3格。而飞机则不受地形限制，但考虑到天气会影响飞机的行动。这些数据都是根据战场统计长期积累逐步形成的。美国的《第一次战役》手工兵棋光规则手册就有10本，共560页，译成中文13万字。如此繁杂的规则意味着参与游戏者需要面对惊人的信息量。所以计算机回合制策略游戏利用程序代码将复杂的规则以逻辑运算替代评判过程，这将大大缩减人工评判所花费的时间，使游戏的效率提高，游戏周期缩短。同时计算机不会疲劳，这也避免了人类裁判因为疲劳而产生的误判。

对于需要通过概率来确定战斗结果的情况，以前的手工兵棋通过投掷骰子取随机数的方法确定。骰子的类型有多种，除了常见的6面骰以外还有10面甚至20面的。例如：某种防空兵器对于飞行高度1500m的直升机杀伤概率为70%，那么当用一个10面骰进行投掷，当投掷到1~7任意一个数时就判定为直升机被击落；否则，就裁决未被击中。计算机化的回合制游戏将骰子取随机数的过程用程序完成，使得规则评判与作战结果判决做到了一体化实现。战略游戏的规则还加入了时间的流逝。每一回合都代表战斗进行的时间，裁判用秒表测算游戏花费的时间，用等比例的距离尺测量行军距离以换算路程时间，最终这些时间都将换算成战役消耗时间。时间可以用来推算昼夜变化能见度、季节气候变化对作战的影响。

所以军事游戏的规则强调严谨的推演，绝不是为了打得热闹，只要有影响战斗的变数都要仔细加以思考。不管是传统人工裁决还是计算机程序演算，都要将变量严密组织、客观推算才能保证游戏结果真实可靠。

2）游戏的人工智能子系统设计

游戏自然要为玩家设立一个计算机控制的虚拟敌人，因此游戏中的人工智能决定着游戏的表现与难度。尤其军事策略游戏中的人工智能是非常重要的设计。策略游戏通常提供给玩家一定数量的可支配角色单位以及资源。为了完成任务，玩家需要搜集和使用资源，并且利用资源发展更多的可支配角色。同时，利用己方的可支配角色阻止人工智能控制的一方扩展势力。当然这一切的行为都是在设计好的地图开展，地图是对真实战场环境的一种模拟。合理利用军事单位，在地图上进行占位，地点迁移，由此可见这种策略是在时间和空间上采取的行动。

这些由玩家控制的大量单位都需要精确地定义。对于每一个作战单位，不管多么弱小或者多么强大，它们将掌握什么技能，运用什么武器，甚至相互之间的联系，对于设计者，每个单位的细节都要集中放到数据表中。

单位的行为必须能和游戏中地形和环境设置进行交互。不管是对于个体还是群体，各单位必须依照地形活动。它们必须针对地形上的障碍物（如建筑、河流、桥梁和个单位之间）寻找道路。用来控制它们从 A 点到 B 点的代码称为路径搜索代码。这些代码描述了单位应怎样运动，当单位和障碍物冲突时它们如何行动。一个大型队伍如何通过一条狭窄的通道，设计者遇到的问题就像蚂蚁进入蚁穴时的瓶颈作用类似。

由计算机控制的“敌方”必须要构建一个 CPU “玩家” 来挑战玩家。对于这位虚拟的玩家，脚本和游戏代码将以实现敌对的战术活动为主。对开发人员而言，要使虚拟的敌人看起来具有生命力，仅依靠掌握军事战术信息和模拟量数据还不够。掌握人类的心理、行为特性也十分必要。换言之“敌人”常常根据玩家的策略做出相应的反制措施。例如，非玩家控制角色（NPC）拥有人类恐惧是的反应，当战况有利于玩家时 NPC 做出逃避的反应，玩家必须调整策略才可以将其击败。

无论在人工智能的设计上投入多少精力，计算机的智能始终无法与人类玩家匹敌。为了使计算机能和人类玩家较量而不处于劣势，必须在其他方面做出调整。计算机的优势在于不知疲倦地重复做同一件事。举例来说，人类玩家通常会做出较好的战略部署，但是构建大量的战斗单位较慢。而 CPU 则可以用较短的时间构建大规模的部队，但是通常只能做出较简单而且单一的策略。如果 CPU 不仅可以快速构建部队，并且毫不费力地打败人类，那么就会使玩家感到挫折。这样的游戏很难保证持久的可玩性，因此游戏人工智能需要根据难度适度的调整。军事游戏注重的是玩家的策略调动，设计者即可以使用简单的策略，也可以使用复杂的策略。简单的策略可能只是攻击玩家。但这显然不够，因为玩家需要一种有挑战并且可以沉浸其中的体验，这显然需要复杂的策略保证游戏的挑战性。

3）武器子系统设计

游戏中的武器是重要的道具，是其功能的体现，如《魔兽世界》中的武器很多都可以释放魔法效果。但魔法究竟是怎样一回事谁也说不清，也不需要自圆其说只要好玩就可以。相比较而言军事游戏中的武器表现没有天马行空的想象力，但是逼真地表现了武器的物理特性。如炮弹的飞行弹道，飞行空气阻力等都会参考武器试验场的数据，追求的是仿真的武器动态表现。

当代军事游戏内容包括大量对于装备的仿真。军用装备的范围包括单兵装备、重型机械化武器、空中单位、水面舰艇等。装备仿真的目的在于表现装备的物理表现。游戏过程以模仿装备的操作流程、维护保养、新式武器与装备的研制和应用、武器拆卸、新武器威力模拟等。作战训练与人才培养方面针对模拟操作、模拟演示、模拟驾驶等仿真训练系统。游戏中的装备仿真设计注重功能的实现。例如，在《使命召唤4》中逼真地模拟了“标枪”反坦克导弹的发射操作过程。

玩家需要先将目标捕捉屏幕对准敌军坦克的方向，当出现十字瞄准线并且听到表示目标锁定的蜂鸣声时，可以按下发射指令。当导弹发射后发射流程全部完成，随后需要模拟的是“标枪”导弹特殊的飞行路线。导弹并非直接飞向目标，而是先向上空飞行近百米，随后居高临下攻击敌方坦克脆弱的顶部。初次见到这种飞行路线的玩家都会感到陌生，当熟悉了游戏之后就顺其自然地接受了。因此，装备模拟对于武器操作流程、战场表现是一种良好的预习。

为了使武器具有贴近真实的表现，物理法则的模拟是此类游戏的技术核心。现代战场的技术兵器本身依赖于自然界物理量的利用。例如，飞机为了安全飞行，则必须对海拔、气压、速度、重力加速度等物理量有一套测量手段，再根据获取的物理量解算成控制信息。这种解算的过程依赖于计算机程序的专用算法。因此，不难理解模拟游戏中也有一套类似的程序编写的物理量算法。所不同的是真实飞机的自然物理变量由测量所得，而游戏中的自然物理变量是由模拟自然的程序直接给出。另外，出于制作流程的简化考虑，算法应尽可能地简洁，不需要的过程可以省略，只要达到视觉和操作目的即可。例如，“MIA2 坦克”52 中对炮弹的弹道计算引入了物理运算。炮弹的飞行路径不再是纯粹的直线，而是以抛物线飞向目标。同时，炮塔旋转的惯性对弹道也有影响。如果炮塔旋转的速度过快，炮弹的飞行就会就会向一侧偏移，这样就无法击中目标。在游戏中还能清楚地看到子弹打中坦克发生反弹。在真实情况下子弹可能不止一次发生反弹，而在游戏中反弹需要根据枪弹入射角与物体表面法线计算出反射方向，再通过重力计算出反弹的抛物线路径。这种跟踪弹道的计算方法会占用计算机资源，何况游戏中可能同时出现上百颗不同方向射出的子弹。所以每一颗子弹只计算一次反弹就不再跟踪。

5.5.2 军事游戏的交互设计

1. 武器仿真的人机设计

军事游戏为了增强仿真性和人与武器操作的磨合度，开发了一系列具有针对性的外接硬件设备，从而使游戏的操作摆脱了大多数游戏使用鼠标和键盘的局限性。今天在许多游戏的输入设备设置中通常可以看到“Joy Stick”飞行摇杆这一选项。飞行摇杆随着飞行模拟类游戏的诞生成为游戏界重要的互动媒介，它的出现使得游戏领域第一次摆脱了以往的手柄与按钮。外形模仿真实的飞行摇杆，拥有3坐标轴控制的摇杆无疑是玩家在接触体感上有了更逼真体验。这是游戏史上由真实控制设备仿制成游戏输入设备的里程碑。这种追求真实操作感的精神为以后游戏操作设备改良，以及新交互科技的研发立下了楷模。伴随摇杆技术的提升，力量回馈技术被运用到了游戏控制中。力量回馈给玩家以更真实的游戏体验。力量回馈可以利用机械表现出的反作用力，将游戏数据通过力量及方向传达给玩家。设备等部分分别通过齿轮或者钢线连接到电动机，而电动机则根据专用力反馈芯片发送的信号来工作。根据游戏给力量反馈芯片发出的指令，它可以模拟出真实的操纵感，而不是简单的振动。例如在飞行模拟类游戏中，当飞机遇到紊乱气流飞行受到干扰时，通过摇杆幅度较大、频率较低的摇摆干扰玩家的控制，玩家需要克服这种干扰以保证飞机的正常飞行。这种反馈技术超越了视觉与听觉，让玩家获得了额外的触觉和力量感体验。玩家又多了一种获取游戏信息的途径，从而大大增强了游戏的沉浸感。当然，这种专用设备也带来了自身的局限性。操作飞行器自然有其独特的优势，但是对于许多普通游戏而言这种设备难以操作，如角色扮演类游戏还是用传统的鼠标和键盘比较合适。

美国用于陆军训练的模拟软件（US Army Dismounted Soldier Training System，DSTS）中每个参与士兵背上要背一台经过特别定制的笔记本计算机，头戴虚拟实境的头盔，在一个能够捕捉士兵动作的10ft（3.048m）见方的空间和一个环形屏幕中进行训练。因而士兵可做出各种复杂的姿势和动作，还可以如同在真实训练场上一样使用诸如枪支弹药之类的作战装备。出于训练需要，游戏还能评估士兵在虚拟环境中的受伤程度，并且可以通过回放功能详细观察训练过程中的表现。虽然DSTS奢华的操作方式对于玩家的诱惑是巨大的，但是价格昂贵的硬件设施对于许多玩家而言也是可望而不可即。要想使这样的设备在家庭娱乐中普及还得有待时日，但是对一些公众的娱乐场所而言这样的配置比较容易接受。

2. 交互方式的语音化设计

语音互动是依靠声音采集设备采集玩家的语音信号，再通过语音波形数字转换和比对作为输入判断的技术。这种技术使玩家真正解放了双手的操作。仅仅依靠语音进行游戏，适合应对军事行动中需要语言环境的仿真。如口头指令的发布，士官之间的任务交代等。即时战略游戏“End War”突破性地提供了语音交互，作战单位可以响应玩家口头发布的简单指令，自动到某一点集结，或执行攻击任务。语音交互在军事游戏中更重大的意义在于让出境作战的士兵突破外语的难关。为了解决因语言和文化差异给美军在伊拉克行动中带来的问题，美军已开发出一套《特殊行动命令》语言学习游戏，这套软件应用了语音识别和人工智能技术，不仅可以让官兵学习阿拉伯语的基本知识和日常对话，而且还可以了解掌握与阿拉伯人打交道的基本技巧等，从而迅速提高对不同语言文化的适应性和认知力。

5.5.3 军事游戏中美术设计

1. 军事游戏中的角色设计

角色造型是游戏世界观的一部分。例如，《魔兽世界》中拥有不同的虚构种族、职业、公会。《魔兽世界》中为丰富的世界观设计了各类代表性角色。这些角色都是在一连串的假设，并且假设这些虚构元素成立的基础上。而军事游戏中的角色主要以军人的形象为主。军人的形象设计需要考虑到军事游戏严肃、纪实的特性。对于角色形象设计的思考与想象有较大的限制，但同时也提供了较为充实的素材。形象设计需要较为真实地反映人种、肤色、符合征兵条件的身高比例。士兵的着装要符合时代性、各国军队派系、兵种的差异性。普通游戏中的卡通风格通常不能够被采用。卡通形象为了吸引人可能采用4倍头部的身高，或者为了凸显英雄角色而采用9头身。这些违反常人身高的设计通常不适用于军事游戏。军事游戏的角色形象多为写实风格为主，在写实的基础上进行有目的性的审美加工。角色的肢体比例需要与场景设计相适应，人机工程是需要关注的焦点。角色的肢体比例只有与环境相适应，才有可能在场景中完成战术动作。同时，友军角色不能过分追求戏剧般的脸谱化，而敌军角色要避免过度丑化。中国的《光荣使命》在调研阶段征求了很多官兵的意见，人物形象、服饰装具、武器装备都是从部队真人实景捕捉模拟的，游戏中的个人装备多参考自解放军战士的装备。军事游戏包含着作战训练的目的，其中包括战术动作的示范和模拟。这些项目的加入，对角色动作的真实性、准确性提高了要求。目前的军事游戏的角色动作制作流程，大多数使用了采集真人动作的动作捕捉技术。这些动作可以从真正的士兵身上捕捉到，比手工调整的动作更生动逼真，保证了战术动作的准确性。

2. 军事游戏的武器构造设计

军事游戏的武器种类繁多，不同的任务和兵种可分为单兵武器、重型武器、作战飞机、水面舰艇等几大类。军事游戏的武器造型以真实军用武器为设计蓝本。造型如果有需要可以按照假定性真实的原则适当创新，但依然要符合军事常识上的同一性。“星球大战”似的幻想像一般不可取，以现实的武器为蓝本并不说明缺乏美术风格。武器以人为本，武器的设计本身已经融入了每个民族对于工业审美理念。中国武器外观内敛又不失威武之气，俄罗斯武器造型粗犷豪放，欧洲武器外观精巧简洁，美国武器的轮廓明快大方。《光荣使命》中的武器外形以及武器上的标志都采用了真实的解放军部队造型。

对于以仿真性作为重点的军事游戏而言，外观只是视觉的需求。武器的性能，操作流程，才是仿真性的价值所在。武器是为角色使用而设计，人机工程也是必须考虑的重点，简单地讲就是武器与角色、场景之间的比例关系。例如，军舰虽然是武器，但就尺寸而言已经达到了场景的规模，设计军舰时需要解决角色在军舰中空间的活动关系。

正如同这对人体的绘画需要事先了解人体结构。设计军事游戏的武器外观需要对武器的构造有一定的了解。武器处于实用的目的通常不会有多余的部件，我们所见到的武器，其外观由构造所决定。游戏中出现的武器通常不需要考虑内部构造的设计，而只需设计外表能看见的部分。但是为了使外观真实可信，并且结构合理，了解一些武器的构成是有必要的。

真实的军用武器外观设计由于考虑到人机工程和武器的适用性，在一些细节处会做出特殊处理例如，枪械握把要针对人的手掌握持舒适性设计合适的曲线，同时要做防滑处理，加上一些凹槽。使用时要求战术动作顺畅，外表不能产生挂、钩等意外。因此，凡有棱角处都加工成了钝角。另外，现代武器设计要求表面无反光部件，避免在战场上暴露目标。枪械的表面通常经过烤蓝或氧化发黑处理，所以当代的军用枪械多为黑色。这些处理增强了枪械的抗氧化和无反光目的。所有这些出于实用目的出发的设计形成了枪械的外观、肌理和色泽。虽然其中很多细节在游戏中并不真正发挥作用，但是必然对视觉产生影响。因此，这些视觉要素在军事游戏的武器设计中会做出适当的取舍。

以军用刀具为例，一把典型的军用匕首外表简洁，便于加工和批量生产，以满足作战需求为首要目的。尤其刀身和刀柄处进行了黑色的无光泽处理。这和人们通常想象中的哪种明光程亮的刀身有很大区别。再对比一下非军事游戏仙剑奇侠传中的刀刃设计，很强的设计感，出于造型优美的目的设计了复杂的曲线。其颜色也是也是魔幻类的紫色，虽然设计上富有想象力，但是显得华而不实。作为军事游戏的武器美术设计像这种方案是必须排除的。

3. 军事场景设计

游戏场景是针对角色而设计，角色的存在使场景具有了意义。军事游戏的场景借鉴了实战的场景，空战、海战、登陆战都有涉及。不同的地域场景为满足不同的兵种、任务而设计。例如，坦克作战通常需要开阔的自然场景。海军需要海洋场景，根据任务和地理位置可以是纯海洋的，也可以是海洋连同海岸线的。空军的场景最为简单，基本只需要蓝色天幕作为背景。为了考虑到空战出现的下视镜头，还会配上一个辽阔的地面背景。

军事游戏的场景需要按照实际地形数据、海拔、比例、气候等因素，针对不同的兵种会采用不同比例的场景。例如，空军在空中的视野比其他兵种要开阔，所以空军的地面背景比其他兵种的游戏要设计得更大。场景的范围一般是游戏活动范围的3倍，保证不会看到场景以外的空间。从空中看到的地面景物细节较为模糊，场景建模不追求精细，以概括为主。相比之下用于单兵作战的场景所涉范围要小得多，但是距离场景较为贴近，所以场景建模乃至一草一木都追求相对细致逼真。

《光荣使命》的战场再现了炮火硝烟，场景中的细节建模较为精细，烟雾的动态符合真实烟雾的物理量。水面舰艇可以是漂浮于海面上的作战单位，但是如果有角色需要进行舰上活动那么舰艇本身需要作为场景的一部分。舰上设施，舱室需要作为室内场景进行建模。而有些游戏例如军事决策类型的，像兵棋推演场景可以简化到只有一块沙盘，甚至是一张棋盘。

4. 军事游戏中的音画关系

游戏的音效不同于音乐，“听觉”是作为游戏性的重要元素之一。游戏音效通常以特定的场景或行为为触发音乐播放的条件，如果没有可以触发音乐的行为则不播放。借助音效使听觉成为获取游戏信息的重要感官。3D 音效的第一人称射击游戏中音效的作用尤为明显。音效可以帮助玩家判断环境，例如当玩家走在钢板上时会发出踏在钢板上的脚步声，当玩家进入河流时可以听到淌水的声音。正因为有了这种声音变化，玩家无须真正看到环境就可以判断身在何处。

运用声效是游戏中烘托气氛的重要手段。当玩家身处工厂环境，耳边可以传来隆隆的机器声，工业的重金属氛围得到增强。或者当玩家身处野外环境，树叶的沙沙声、溪流声、鸟鸣声这是环境的认同感得到增强。

通常第一人称射击游戏视野有限，对于没有出现在屏幕上的事物，声效可以帮助玩家判断周围事态。当有敌人从某个方向接近，玩家听到不属于自己的脚步声时，可以通过3D 立体声判断敌人的大致方位。声音本身所拥有的通感性可以用来辅助事件的质感。例如，用枪射击一块木板，看到枪口的火光同时听到枪声，木板被击碎，飞溅的木屑配以木头爆裂的声音，子弹的疾，木头的脆，表现得淋漓尽致。第一人称射击游戏《战地 3》的开发团队特地请瑞典军队协助录制了各种枪械的射击声。

听觉既然作为人体的重要感官，游戏中的音效可用于模仿人体生理反应。这涉及一些自然界不存在的声音。例如，一颗炮弹在附近爆炸，模仿玩家因为音爆产生的耳鸣就是一种不可能靠录音来完成的音效，耳鸣会随着时间推移由强减弱直到恢复听觉。甚至有些游戏使玩家彻底短暂“失聪”，这时没有音效也是一种音效。利用音效暂时废除玩家的“听觉”可以造成玩家判断上的障碍。

以上只是环境互动音效的作用。军事游戏为了仿真军队中的人际交互，还特别重视语音元素。由于许多作战指令是依靠语音传达，因此将真人的口头指令经过录音采集，再由事件触发播放显得尤为重要。语音指令可以成为军事游戏中作为任务提示的信息来源。语音也是玩家可以和 NPC 产生互动的重要条件之一。玩家与 NPC 的交流很大程度上是通过对白展示。

5.6 平衡系统设计

5.6.1 平衡系统的定义和分类

游戏平衡的概念有些模糊，就像游戏的机制和原理，我们只能尽量地把游戏的原理表达清楚。普遍意义上来说，游戏是为达到娱乐目的玩家进行的有趣味选择的集合。

游戏平衡性的分类有两种，从游戏本身内部的平衡性来分，有隐性和显性两种。隐性平衡是游戏内部的平衡，显性平衡是游戏外部的平衡。从游戏的整体结构来分，有静态平衡性和动态平衡型性。静态平衡是为避免游戏崩溃的显性元素和策略，动态平衡是游戏的运转过程中的一种平衡，二者在一定条件下可以转化。军事游戏的核心是游戏的动态平衡性，包括游戏可玩性间的平衡性、玩家间的平衡性、玩家和游戏规则间的平衡性。

5.6.2 游戏本身平衡系统

1. 隐性平衡和显性平衡

我们可以从以下角度来理解两种平衡之间的区别。设定一种游戏画面，当两个游戏角色在竞技时，赢的一方还是活着的，即显性的信息反馈。游戏内部的函数具体数值的运算结果即隐形的信息反馈。因此，显性回馈和隐形回馈指的是占有优势或者劣势的程度。隐性平衡是表现在游戏的稳定性程度上，二者不能割舍。

2. 达到游戏内部平衡的优化设计

游戏在达到显性和隐形的平衡设计后才可以吸引并且留住玩家，达到游戏长期收益的目的，使游戏的生命力延长。

游戏隐性平衡设计就是剖开游戏表面框架，看清内部齿轮运作，对任何一个函数数值或者公式的修改都将影响一个角色的属性。例如，角色属性的伤害值、生命值等都是隐性平衡范畴。

（1）伤害加成属性设计。这部分是隐性平衡中最形象的模式。伤害属性的意义是用来抑制某种角色属性的能力并和其他角色相联系从而形成相生相克的联系。要注意，玩家需要通过不断的游戏体验来加深这部分的印象。一旦玩家了解，玩家就会把这种游戏规则机制做尝试来记住。

（2）HP 生命值设计。HP 的值就是游戏角色的生命值。游戏角色的生命值属性归结到游戏隐形平衡的设计中。

（3）攻击防守命中率设计。这属于游戏显性平衡，影响战斗结果的，按重要程度划分，实际上由分成三个部分组成：人物属性数值、战斗策略和运气。

需要注意以下几点：

（1）保证同一个等级阶段内，战斗属性数值投放的最大（Max）值及最小（Min）值，这两个战斗单位之间的战斗体验是可以让人接受的。例如，如果出现秒杀或者不破防的情况，基本上都是不能接受的。Max 值是你的游戏在某个阶段等级内投放的最大数值，而 Min 值通常是你期望非职业玩家达到的最低战斗力标准。

（2）“等级”对战斗结果的影响大小。等级因素对战斗结果影响越大，等级就越重要，反之亦然。可能带来的结果是双向的，等级越重要，经验则易成为玩家的始终第一追求，但玩家的追求焦点可能无法较难从经验值上转移。等级不重要，则可能游戏在某个等级阶段，战斗数值投放的 Max 值和 Min 值差距会越大。

（3）明确人物数值对战斗结果影响的百分比。但这个只是理想状态，在绝对大量的抽样基础之上，可以把它看成常态分布函数，这里没有一个最优值，完全看策划的需求。但可以明确的是，数值影响比越大，战斗本身的策略性就越低，最终会回头影响数值的变化率。同样地，数值影响比越低，战斗本身的策略性发挥空间就越大，游戏可能越好玩，但可能从一开始就会影响战斗数值的变化率。

（4）必须建立一套较为完善的战斗模拟体系和后台数据监控系统。通过大量的模拟，剔除掉数值、策略或者运气可能带来的极端战斗体验。但在这个东西毕竟只是在模拟行为，实际上等游戏上线之后需要根据后台数据进行大量调整。例如，如果你有个竞技场，战斗力差距达到 X 值的玩家，胜者和败者他们通常的胜率和分值期望是多少。

另外，考虑战斗平衡的时候，你必须首先明确你需要平衡的对象。抛开对象谈平衡都是没有意义的。实际上在道具消费模式中，玩家的消费能力和水平千差万别，需要考虑让他们跟合适自己的对手战斗。

在游戏可玩性与游戏可玩性之间的平衡设计中，有所谓的：传递性平衡和非传递性平衡之分。

所谓的传递性平衡是指这样一种单一关系，即 A 能击败 B，B 能击败 C，而 C 击败不了任何人。整个游戏中的人物能力对比就是一个典型食物链关系。其以这样的方式来设计的游戏就是叫玩家不断升级、进步，以消灭越来越强大的敌人，并最终达到自己的游戏目的。传统的动作闯关类游戏就是属于这类型平衡的一种设计。

而所谓的非传递性平衡，就是指事物间相生相克，互相作用，彼此牵制。我能克制你，你能克制他，而他又能克制我。最经典的例子就是我们小时候都玩过的“石头、剪子、布”游戏，规则是剪刀剪布，布包石头，石头砸剪子。在即时战略游戏中的兵种互相制约就是属于这类型平衡的一种设计。

5.7　仿真度设计

基础仿真就是不违背自然常识，角色基本能力要自然。

特殊能力如武侠中的轻功，有合理的解释且武侠爱好者都能接受，这类设定无须强求仿真。下面以装备规则为例。

1. 仿真设定：获取不同装备就成为相应的职业

CS 中的角色职业由所用武器体现，角色能力定制非常灵活。设定“击败敌人后可捡取敌人武器”攻防态势能够转换，玩家时刻都在博弈，过程充满戏剧性。装备规则仿真能使游戏挑战与剧情完美融合。配备狙击枪，就能侦察猎杀；缴获了军服，就能秘密潜入；捡取火箭筒，就能摧毁车辆；使用重机枪，就能火力压制；登上直升机就能安全撤离。职业转换很自然，塑造出完美的特种兵形象。

2. 有悖仿真的设定：擅长拿重武器的不能拿轻武器

WOW 职业设定：战士能拿到剑，但无法拿匕首。这是为了引导职业装备分配，但有悖仿真，弊大于利。

（1）装备作为战利品，若不能穿戴有不值得拍卖，就是无用的垃圾。游戏过程产生大量垃圾，处理起来费事，游戏也显得臃肿。

（2）装备不便更换，战法显得单调，缺少对抗博弈性。

（3）不便与剧情融合，例如，剧情安排行刺任务，匕首自然比剑合适，但由于设定战士无法拿匕首，与换装备有关的剧情就受到限制。

游戏规则基础仿真能提高设计可扩展性。仿真规则相结合，能使游戏策略更丰富有趣。

在射击游戏中，地上的武器可以捡取，武器换弹夹需要时间，这两条仿真规则相结合能使游戏对抗更有趣；狡猾的玩家会丢下没有弹药的步枪，拿手枪听声音埋伏，敌人看到有好武器很可能会去捡，发现没子弹时换枪都来不及了，这种心理战玩家百玩不厌。基于规则的心理战越多，游戏生命力越强，规则仿真能激发玩家行动想象力，旁观者也容易理解，利于游戏传播。

3. 仿真利于理解，也使游戏平衡方案显得自然

暴雪灵魂人物 Rob Pardo 接受设计访谈时，曾谈到《魔兽争霸 3》中“保养费”的设定：

保养费的概念是：你的军队越壮大，付出金子收入就越多。如果你建立了一个大型军队，保养费将吸走你额外的金子收入，所以就无法获得大量的金子盈余。这个想法是在军队个体较多时激励你战斗。

最初我们通过修改个体数量和花费来鼓励小型军队。但当看到人们的玩法（拥有大型军队）时，我们意识到必须要回到绘图板。我们坐下来说：“我们希望游戏中的个体数量较少，好突出英雄的重要性。我们怎样让它发生呢？”

每个人都想出了一些建议，我们对每一个建议都进行了讨论，不断地选择和测试，直到几个星期后得到可行的系统。实际上很多人开始时都不喜欢保养费，所以执行它引起了争议。

如果平衡方式的说法不够仿真，开发人员都难以接受。而仅仅换了一个词，一切就说得通了。游戏中难以理解的概念越少越好，仿真思路一举多得，不仅实现设计目标，还使作品具有划时代特性。

第6章

军事游戏技术基础

6.1 图形引擎

图形引擎主要分为实时渲染引擎和离线渲染引擎，实时渲染主要应用于视频游戏、虚拟现实等需要具有较强交互性的应用中。目前，市场上公开授权的主流实时渲染引擎有 Unity 和 Unreal，同时部分大公司也有自行研发的引擎，如瑞典 DICE 公司的寒霜引擎。离线渲染引擎主要应用于视觉特效、动画电影等对画面质量有着极高要求的领域。目前，市场上主流的离线渲染引擎有皮克斯公司的 RenderMan、迪士尼公司的 Hyperion 等。图形引擎在虚拟现实领域也有着重要的应用，虚拟现实（Virtual Reality，VR）技术是指利用计算机生成的模拟现实环境的交互式体验，主要由视觉和听觉构成，也包含其他感官的反馈，如触觉。来自伊利诺伊大学的 M. LaValle 教授表示，在伊利诺伊大学，大部分学生都是利用 Unity 引擎来进行虚拟现实方面的开发工作。麻省理工学院（MIT）在计算机图形学等领域有着长期的科研积累，这为其在之后的虚拟现实领域的研究奠定了坚实的基础。麻省理工学院的建筑与设计学院在 1985 年成立了媒体实验室（MIT Media Lab），很多和虚拟现实有关的研究都是在这里进行的。

斯坦福大学在 2003 年成立了虚拟人机交互实验室，致力于虚拟现实相关的研究，包括数字匿名（Digital anonymity）、介质和拟态（Mediators and mimicry）、体外体验（Out-of-body experience）、增强视角（Augmented perspective taking）等。

图形 API（应用程序接口）是图形库的重要组成部分。API 是一组可以用来执行相关操作的标准函数，例如，通过图形 API，将顶点数据从系统内存加载至显存。图形渲染器通常需要两种类型的 API，一种是用来输出画面的 API，另一种是用来处理用户输入的 API。目前，主要有两种类型的图形和用户输入 API。一种是像 Java 一样，将 API 以标准化的“包”的形式与编程语言进行集成；另一种 API 是以 DirectX 和 OpenGL 为代表的，通过将渲染指令与像 C ++ 一样的编程语言相绑定，用户接口根据不同的系统会有不同的表现。目前，OpenGL 和 DirectX 是最常用的图形编程接口，被广泛地应用在视频游戏、虚拟现实、可视化、人机交互等领域。以下为常用的图形编程接口。

1. OpenGL

Open Graphics Library（OpenGL）是一款独立于编程语言，独立于操作系统和运行平台的，用于渲染二维和三维图形的应用程序接口。该 API 主要用于 GPU 进行交互，实现硬件加速渲染。

2. Direct3D

Direct3D 专属于 Windows 操作系统，用于进行三维渲染或科学计算的应用程序编程接口，是 DirectX 的一部分，用于渲染三维图形，在 GPU 支持的情况下，整条渲染管线都可以应用硬件加速渲染，也可以部分管线应用硬件加速渲染。

3. Vulkan

AMD 公司在 2013 年与 DICE 公司合作发布了 Mantle API。Mantle 最主要的目标是降低图形驱动的负载，并将与之相关的控制权完全交给开发者。Mantle 与 DirectX 11、OpenGL 等 API 相比，变得更加底层，更加贴近硬件，并且在性能方面大幅提高，能够更好地支持多处理器运算，大幅度降低 CPU 在驱动方面所消耗的时间。Mantle API 的出现，促进了微软公司在 2015 年发布了同类型地图形 API（DirectX 12）。AMD 公司在 2016 年，将 Mantle API 捐赠给了科纳斯组织（Khronos Group），后者在同一年发布了自己的 API——Vulkan API。Vulkan 像 OpenGL 一样，是一种独立于平台的图形 API，通过使用一种新的中间层语言 SPIRV，来编写着色器和 GPU 通用计算。

6.2 网络引擎

游戏网络引擎是网络游戏开发的起点，但它和一个具体的网络游戏又有着很大的不同。游戏网络引擎仅仅是一个提供给游戏开发者使用的应用框架，封装底层的一些操作，并为用户处理一些通用的操作。一个好的游戏网络引擎应具有 6 个优点：模块化、可重用性、可扩展性、稳定性、及时性和可维护性。采用分层的体系结构正是模块化思想的体现，也为游戏网络引擎的维护带来好处。在本节中，将重点阐述一款应用于网络游戏中通用的网络引擎的设计实现——P2P 技术游戏网络引擎的设计实现。

网络游戏是分不同种类的，在此是基于大厅模式的网络游戏而设计了以下

5 层结构的游戏网络引擎体系，如表 6.1 所列。

表 6.1 网络引擎体系结构

用户接口层	提供网络操作接口，日志记录功能
可靠消息控制	保证数据包顺序、优先级、可靠性
数据处理层	数据压缩、解压缩 数据封包、解包数据加密、解密
发送控制层	P2P 中转发送/P2P 直接发送控制
接口层	封装套接字，屏蔽操作系统差异

1. 接口层

接口层是该款网络引擎中的最低层，但也是最重要的一层。该层位于操作系统与其他层的中间，用于封装操作系统提供的 Socket 函数，实现数据包的发送和接收。该款游戏网络引擎整体架构采用 UDP 结合自定义可靠消息机制的实现方法，因此对采用 UDP 通信的 Socket 函数的封装是这层的主要任务。由于 Linux 平台上使用的是 POSIX 标准的 Socket 函数，而在 Windows 平台使用的是 WinSocket，因此在 2 个平台上编程有一些不同之处。例如，在 Linux 平台下关闭 Socket，是使用 Close（）函数，而在 Windows 平台下，需要使用 CloseSocket（）函数。为了实现该网络引擎的跨平台性，在引擎中采用 C ++ 提供的宏机制实现了对 Windows 和 Linux 操作系统下 Socket 函数的封装。

2. 发送控制层

由于客户端间的 P2P 连接并不是实时处于连通状态，因此，在发送控制层中，需要判断待发送数据的目的地是否处于 P2P 连通状态下。如果双方处于 P2P 连通状态中，则使用 P2P 方式直接将数据发送至目标客户端；否则，发送控制层将数据先发送至目标客户端所使用的 P2P 中转服务器，由 P2P 中转服务器转发到目标客户端计算机上。同时启动 P2P 连接模块，尝试与目标客户端计算机打通 P2P 连接。

以下为发送控制层中关键代码的实现：

```
//发送控制层的发送函数
// lpParam：代入的 CSendControlLayer 类的 this
指针
DWORD CSendControlLayer::SendDataThread（LPVOIDlpParam）
{ CSendContrlLayer * pThis = （CSendContrlLayer
```

```
*) lpParam;
//发送控制层循环发送数据，直到收到退出发送信号为止
for (;;)
{
//检查是否需要退出发送线程
if (WaitForSingleObject (pThis-  > GetExit- SendThreadEvent (), 0) ==WAIT OBJECT0)
break;
//等待需要发送的数据
if (WaitForSingleObject (pThis-> m hSendE- vent, 10)!    =WAIT OBJECT0 )
continue;
//找到数据包需要发送的目标客户端对象
CPeer*   pPeer = pThis-> GetPeerFrom- SendList ();
//得到要发送的数据
CPackage*pData=pPeer-> GetFromSendList
();
//判断与目标客户端之间的 P2P 连接是否可用
if (pPeer-> IsP2PConnecting ())
{
//使用 P2P 连接直接发送
pPeer-> SendP2PData (pData);
}
else
{
/*当前的 P2P 不可用，发送给目标客户端的 P2P 中转服务器，由 P2P 中转服务器转
发给目标客户端*/
pThis- > SendP2PTransformServer (pPeer,    pDa- ta);
//同时还需要尝试与该目标客户端建立 P2P
连接
pThis- > ConnectToPeer (pPeer);
}
}
return0L;
}
```

3. 数据处理层

数据处理层分为两个部分：一部分是将本客户端的数据发送到其他客户端；另一部分是接收来自其他客户端发来的数据。两部分功能是相反的操作流程，如图 6.1 所示。

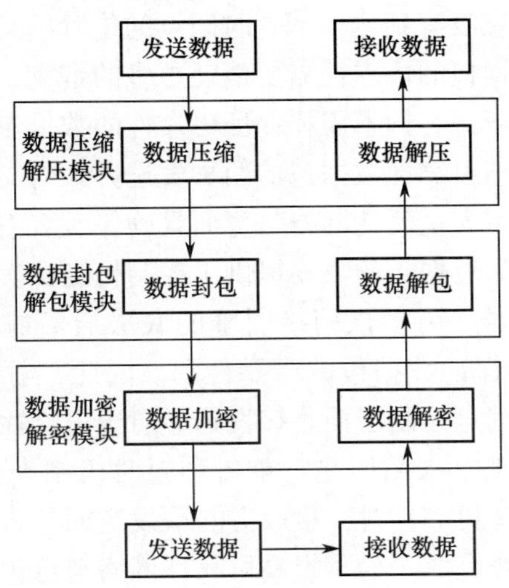

图 6.1 数据处理层操作流程

对于网络游戏而言，网络带宽往往是游戏服务器端的运行瓶颈。计算游戏服务器可以同时容纳多少用户在线，一般使用服务器带宽除以客户端平均接收数据流量的算法。因此，将游戏传输数据进行压缩可以有效地减少每个客户端的数据流量，从而提高游戏服务器的负载能力。通常情况下，我们选择开源的函数库 zlib。该压缩算法的特点是占用较小的系统资源，并对各类型的数据均提供了很好的压缩效果。由于网络游戏中发送不同信息的需要，数据包的大小是不同的。过大的数据包会导致服务器带宽在单位时间内被一个客户端占用，使更多的客户端接收不到足够的消息，从而影响到网络游戏的流畅性。因此，将等待发送的数据压缩后，需要对其进行数据封包处理。数据封包就是将大于规定数值的数据包切分成若干个小的数据包，将这些小的数据包按次序发送，接收方再将这些小的数据包拼接成原来的数据包。

由于封包后的数据包的规则很简单，很容易被他人破解后伪造相同规则的数据包，对游戏服务器进行恶意的攻击，因此，封包后的数据包最后还需要经过数据加密的过程。数据加密算法有很多种，对于网络游戏而言，数据加密算法要求算法尽量简单，对系统资源占用尽量小。在这款游戏网络引擎中，使用对数据包的指定位做异或运算的处理方法进行加密。在实际游戏运营过程中，要定期为参与运算的异或值进行变更，以防止被其他人掌握加密算法。

4. 可靠消息控制层

在网络游戏中有些消息是需要保证数据包按发送的顺序安全到达的，如用户间的聊天消息、判断用户游戏输赢的逻辑消息等。而有些消息则不需要保证一定到达，如定时通知其他客户端自己在游戏过程的位置信息的消息。因为即使本次位置信息的消息没有到达，下一时间点的位置信息也可以矫正该客户端的最新位置。保证数据包的可靠性需要消耗更多的带宽，而网络游戏中大部分的数据包是像位置更新一类的不需要保证可靠性的数据包。该款网络引擎提供了对可靠性数据包和不可靠性数据包的两种发送方式的支持，这样即满足实际网络游戏的需要，又不大量消耗网络带宽而且确保所有消息均按次序的安全到达。可靠消息控制层为数据包的收发提供了控制机制，实现了数据包的可靠性发送、按照优先级发送。由于该网络引擎的底层通信协议采用了 UDP 协议，而 UDP 协议本身是不保证数据包的可靠性的。因此，对于不需要可靠性的消息可以不使用可靠性消息控制层而直接发送。对于可靠性消息，我们需要在不可靠性消息通信的基础上采用回复、重传和超时机制来实现数据包的可靠发送。当数据包需要保证可靠性时，接收方必须发送回复包。如果发送方收到回复包，数据的发送才算完成。为了提高可靠性网络消息包的确认应答效率，使该网络引擎达到可实用的目的，对可靠性消息处理需要采用滑动窗口协议。滑动窗口协议的基本原理就是在任意时刻，发送方都维持一个连续的允许发送的帧的序号，称为发送窗口；同时，接收方也维持了一个连续的允许接收的帧的序号，称为接收窗口。发送窗口和接收窗口的序号的上下界不一定要一样，甚至大小也可以不同。发送方窗口内的序列号代表了那些已经被发送，但是还没有被确认的帧，或者是那些可以被发送的帧。通过滑动窗口协议，只要窗口内还有空间，发送的数据包不需要等待对方应答即可发送下一数据包，有效地改善了可靠性网络消息包的发送接收效率。

在网络游戏中，消息种类多种多样，不同的消息类型对于游戏的紧急程序不完全相同。因此，该款网络引擎除了保证数据包的可靠发送外，还根据网络游戏的特点提供了数据包的优先级发送。为了保证该款网络引擎的通用性，消息包的优先级别由使用该引擎的游戏上层逻辑自己定义。而可靠消息控制层将根据等待发送消息队列中的优先级顺序发送数据包。

5. 用户接口层

用户接口层是为网络游戏开发人员提供该款网络引擎的对外开放接口。这些接口主要包括网络连接的建立和关闭、数据收发以及日志信息记录等功能接口。由于该引擎所提供的功能比较单一，对于用户接口层的设计需要简单明确，以方便使用该网络引擎的开发人员能够迅速掌握引擎的使用方法。

虽然该网络引擎的底层通信协议使用的是 UDP 协议，但为了使游戏开发人员更方便地使用以及减少软件开发出现的逻辑错误，该引擎将发送连接数据包模拟了 TCP 协议中的 3 次握手方式。除此之外，为了安全通信的需要，在 3 次握手的基础上加入了安全协议信息协商过程。同时，数据收发接口部分为游戏开发人员封装了统一的游戏逻辑数据包接收和发送接口。在开发游戏过程中，开发人员并不关心与游戏逻辑无关的内部数据包由该网络引擎自动处理，这些内部数据包包括连接请求和应答数据包、网络心跳包等。

6.3 智能引擎

智能引擎一般由决策推理、动作、导航等系统组成。系统是引擎最重要的部分，它是游戏获取外界的信息进行处理并做出最合理最有效的响应。因此，信息的循环更新起到了决定性的作用。获取的信息量越多。本节重点研究决策模型中的循环更新机制。通俗来说，游戏就是使游戏中的角色看起来更聪明，更具有人的特性。引擎是一段程序代码，它将在很大程度上决定游戏能做什么和不能做什么。从功能上可以划分为战斗型的和非战斗型的。面向战斗型的包括对地形的分析和搜索、团队的合作、追捕能力和生存能力等。非战斗型的，例如在角色扮演类游戏中，非玩家角色帮助玩家在游戏世界中导航，并和玩家对话，替玩家疗伤，以及指导玩家如何获得有用的物品。按照协作级别来分可以把归为个体和群体。个体主要是控制游戏世界中虚拟人物的活动。它们在游戏中既可以是玩家的敌人也可以是非玩家角色、合作伙伴等。对于这类游戏角色，一般要符合个体的思维模式，才能真实地反映它们的行为。群体更像一个控制器，它能够集合群体的优势，根据当前的状态做出合理的决策。一个没有智商的游戏，玩家不会对它产生兴趣，因为玩家觉得毫无挑战性，和一个没有什么智商的敌人格斗是一件很无聊的事情。相反，一个太强的游戏，玩家会怀疑其真实性，因为他们会遇到永不能被打败的对手，实际上这是游戏在作弊。一个优秀的引擎可以从五个方面来判断：一是非玩家角色和怪兽角色行动变得更加智能化；二是游戏用于计算的时间控制在较低的水平；三是角色具有自然的智能行为；四是游戏稳定可靠；五是游戏引擎的修改和除错更容易。

6.3.1 智能游戏引擎的发展历程

近年来，人工智能游戏得到了很大的发展，从而使当今游戏比以往的游戏更加丰富有趣。同时，由于三维图形渲染的硬件设备和游戏的图形质量已发展到近乎极致的地步，人工智能已经成为决定游戏成功与否的重要因素。人工智能技术最初用于投币式的大型游戏机中。此类游戏使用了大量的规则、动作序列的描述以及随机决策等技术来使游戏的发展变得难以预测。策略游戏是最早采用人工智能技术的一类游戏。策略类游戏对人工智能技术提出了新的挑战，因为这种游戏要求对象级的人工智能和具有相当战术策略的虚拟人物。这种游戏中的早期代表是回合制策略游戏，它们都采用了欺骗的手段来实现虚拟人物的智能水平。后来，在实时策略游戏中出现了更先进的人工智能技术，它采用了强大的智能技术，之所以强大是因为体现在实时运行的能力。

6.3.2 智能引擎的几种设计方法

1. 有限状态机

有限状态机技术是游戏中使用最为广泛的技术，主要是因为它实现简单一，而且比较容易调试，适用面非常广，基本可以解决所有的问题。有限状态机来源于自动机理论。在人工智能的问题求解过程中，它是基于规则的，有限状态机连接成一个有向图，每一条边称为一个状态变化。基于有限状态机的问题的求解可以找到一系列动作，使得最终的结果满足所要的目标。

2. 模糊逻辑

模糊逻辑使用一些数学集合理论，称为模糊集理论。模糊逻辑基于事物的从属关系属性，它是通过模糊矩阵使游戏产生智能。

3. 决策树

决策树是在决策集空间建立起来一棵多叉树，树的根结点表示角色的当前状态，决策树分支表示角色的所采取的决策，中间结点表示产生的临时状态或行为。从根结点到叶结点的路径代表了一条决策路径。角色总是选择最优的一条决策路径。与有限状态机不同，角色的决策是一个动态的过程，因此它更能反映角色实时的最优决策。基于决策模型的引擎是一个崭新的发展方向。

4. 神经网络

神经网络是一个模拟大脑功能的数学模型，其核心思想是模拟动物神经系统功能的学习方法，并可以做出最优或近似最优的反应。神经网络解决问题方式与传统的方式不同，它不需要把实际问题的内部搞清楚，它只关心系统外部的输入、输出关系，并可以学习实际问题的输入、输出之间的对应关系。但是，神经网络并没有在游戏中得到普遍应用，主要因为：①选择合适的输入、输出比较困难，只能凭感觉和经验；②学习过程缓慢，需要大量时间不断调整；③可能出现不理智、不科学的行为。

5. 脚本系统

一个真正应用于游戏的脚本系统是从根本上服务于游戏设计者和程序员的。脚本系统看上去像什么和怎样工作从根本上取决于谁将要使用它。如果你的目标是一个最终的玩家，那么一个更类似于自然语言或者图形化的方法也许不错。在游戏引擎中，可以使用脚本来修改对手的行为、属性、反应以及游戏事件。脚本系统被广泛应用于游戏中来控制游戏的进程。

6. 游戏脚本

游戏脚本就像乐器演奏的乐谱，是一种使用符号化的语言文件，以一定的格式存储在外部文件中。脚本也可以看成是一个程序的片断，实现游戏中的特定的功能。它可以规划整个游戏的智能行为和游戏进程。因为游戏脚本通常是外部文件，所以可以非常方便地修改脚本，而不需要编译整个游戏引擎。例如，在游戏开始的初始化阶段，可以利用脚本来初始化角色在游戏世界中的位置、状态等属性。在游戏运行过程中，可以利用脚本来实现角色的对话功能。

脚本系统通常分为两种类型：一种脚本系统类型是利用一种编程语言，任何一种编程语言都可以，这种语言规定了特定的语法规则，程序员可以利用此语言写脚本文件，然后将其编译为引擎可以识别的格式，并在游戏中运用；另一种脚本系统是一种较为简单的方式，就是将脚本命令按照特定的格式预先写入一个文件中，在游戏中调用此文件执行相应操作。

6.4 动力学引擎

刚体动力学是牛顿经典力学的一个分支，研究刚体在外力作用下的运动规律。刚体动力学仿真在游戏、影视 CG 机器人仿真领域中应用十分广泛。随着计算机科技的发展，对大规模场景多刚体系统动力学的仿真的需求越来越高。例如，以下领域中都要对包含大量刚体的场景进行动力学仿真。

（1）3D 机器人仿真平台。支持众多用户自定义的机器人在同一个场景里进行互动和仿真，如国内的机器人仿真平台。

（2）模块化机器人系统，研究由大量微小模块组成的机器人。这些模块称为 C 原子（C atom），每个 C 原子都是一个简单的可编程单位，C 原子之间通过相互作用形成机器人的物理结构和形状。

（3）流体的仿真。把流体动力学和刚体动力学结合起来，对流动的粒子进行仿真，如泉水、瀑布、海面等。

（4）游戏、影视，如破碎的玻璃、坍塌的楼房、爆炸的现场等场景的渲染都需要对大量的刚体进行动力学计算。

当场景中包含大量刚体时，常用的动力学引擎需要较长时间才能完成一步仿真，无法达到实时要求，同时耗费研究人员大量的等待时间。如果能提高大规模场景的仿真速度，则不但可以节省时间，而且可以使用更多的刚体令游戏、影视、机器人的仿真效果更逼真。因此，开发并实现一个稳定、高效、易于扩展的并行化刚体动力学仿真系统，具有重大的研究和实用意义。

在机器人仿真领域，Open Dynamic Engine（ODE）是被广泛使用的一个物理引擎，因为它是一个开源、免费、具有工业质量的刚体动力学引擎，并且已经成功应用于游戏和多个机器人仿真平台中。目前，大多数仿真平台都只能支持中小规模的仿真场景。对于刚体动力学引擎，多数开源机器人仿真平台的都采用 PhysX，OpeNHRP 使用自己开发的物理引擎。若场景中的刚体数量达到数万级别以上时，物理仿真将花费大量时间，无法满足实时要求。

超大规模场景的刚体动力学实时仿真是近年来物理引擎的一个研究热点。在这个领域中，需要仿真的场景包含了数以万计，甚至以百万计的刚体，研究的难点在于如何实时或近乎实时地对该场景进行动力学仿真。关于大规模多刚体系统动力学并行仿真的研究，催生了两个支持大型场景的并行动力学仿真器：PE 物理仿真框架与 DRPSim2C-atom 机器人仿真器。

PE 物理仿真框架并没有直接采用 ODE 引擎，而是实现了快速摩擦动力学（Fast Frictinal Dynamics，FFD）算法。FFD 算法是一种实时动力学仿真算法，具有严格局部碰撞处理性（Strictly Local Collision Treatment）：在计算刚体碰撞后的速度时，只需考虑与其接触的刚体的状态。局部碰撞处理使得 FFD 算法尤其适合基于场景划分的并行化动力学仿真。在划分的仿真区域之间，通过引入一个交叠区来传递刚体碰撞的接触力，从而解决区域边界的碰撞问题。然而，与 ODE 相比，PE 的源代码并未公开，其碰撞检测模型尚未明述，而且重新实现的 FFD 动力学算法也还没有得到广泛的实际应用。

6.5 数值分析

数值分析是计算数学的一个主要部分，计算数学是数学科学的一个分支，它研究用计算机求解各种数学问题的数值计算方法及其理论与软件实现。为了具体说明数值分析的研究对象，我们考察用计算机解决科学计算问题时经历的几个过程，如图 6.2 所示。

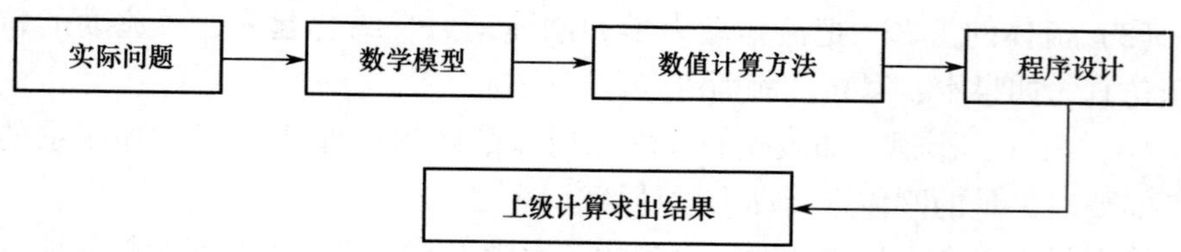

图 6.2 用计算机解决科学计算问题的过程

由实际问题的提出到上机求得问题解答的整个过程都可看作是应用数学的范畴。如果细分的话，由实际问题应用有关科学知识和数学理论建立数学模型这一过程，通常作为应用数学的任务。而根据数学模型提出求解的数值计算方法直到编出程序上机算出结果，这一过程则是计算数学的任务，也是数值分析研究的对象。数值分析的内容包括函数的数值逼近、数值微分与数值积分、非线性方程数值解、数值线性代数、常微和偏微数值解等，它们都是以数学问题为研究对象的，只是它不像纯数学那样只研究数学本身的理论，而是把理论与计算紧密结合，着重研究数学问题的数值方法及其理论。

数值分析也称计算方法，但不应片面地理解为各种数值方法的简单罗列和堆积，同数学分析一样，它也是一门内容丰富，研究方法深刻，有自理论体系的课程，既有纯数学高度抽象性与严密科学性的特点，又有应用的广泛性与实际试验的高度技术性的特点，是一门与计算机使用密切结合的实用性很强的数学课程。为了说明它与纯数学课的不同，例如，考虑线性方程组数值解，在“线性代数”课程中只介绍解的存在唯一性及有关理论和精确解法，用这些理论和方法还不能在计算机上解上百个未知数的方程组，更不用说求解十几万个未知数的方程组了，要求解这类问题还应根据方程特点，研究适合计算机使用的，满足精度要求，计算省时有效算法及其相关的理论。在实现这些算法时往往还要根据计算机的容量、字长、速度等指标，研究具体的求解步骤和程序设计技巧。有的方法在理论上虽不够严格，但通过实际计算、对比分析等手段，证明是行之有效的方法，也应采用这些就是数值分析具有的特点，概括起来有四点：

（1）面向计算机，要根据计算机特点提供切实可行的有效算法。即算法只能包括加、减、乘、除运算和逻辑运算，这些运算是计算机能直接处理的运算。

（2）有可靠的理论分析，能任意逼近并达到精度要求，对近似算法要保证收敛性和数值稳定性，还要对误差进行分析。这些都建立在相应数学理论的基础上。

（3）要有好的计算复杂性，时间复杂性好是指节省时间，空间复杂性好是指节省存储量，这也是建立算法要研究的问题，它关系到算法能否在计算机上实现。

（4）要有数值实验，即任何一个算法除了从理论上要满足上述三点外，还要通过数值实验证明是行之有效的。

6.6 服务器设计

6.6.1 服务器结构

所谓服务器结构，也就是如何将服务器各部分合理地安排，以实现最初的功能需求。所以，结构本无所谓正确与错误；当然，优秀的结构更有助于系统的搭建，对系统的可扩展性及可维护性也有更大的帮助。

好的结构不是一蹴而就的，而且每个设计者心中的那把尺都不相同，所以这个优秀结构的定义也就没有定论。在这里，我们不打算对现有游戏结构做评价，而是试着从头开始搭建一个我们需要的 MMOG 结构。

对于一个最简单的游戏服务器来说，它只需要能够接受来自客户端的连接请求，然后处理客户端在游戏世界中的移动及交互，也即游戏逻辑处理即可。如果我们把这两项功能集成到一个服务进程中，则最终的结构很简单。

一般来说，我们在接入游戏服务器的时候都会要提供一个账号和密码，验证通过后才能进入。我们把观察点先集中在一个大区内。在大多数情况下，一个大区内都会有多组游戏服务器，也就是多个游戏世界可供选择。简单点来实现，我们完全可以抛弃这个大区的概念，认为一个大区也就是放在同一个机房的多台服务器组，各服务器组间没有什么关系。这样，我们可为每组服务器单独配备一台登录服务器。

服务器结构下的玩家操作流程为，先选择大区，再选择大区下的某台服务器，即某个游戏世界，点击进入后开始账号验证过程，验证成功则进入了该游戏世界。但是，如果玩家想要切换游戏世界，他只能先退出当前游戏世界，然后进入新的游戏世界重新进行账号验证。

早期的游戏大都采用的是这种结构，有些游戏在实现时采用了一些技术手段使得在切换游戏服时不需要再次验证账号，但整体结构还是未做改变。

服务器结构存在一个服务器资源配置的问题。因为登录服处理的逻辑相对来说比较简单，就是将玩家提交的账号和密码送到数据库进行验证，和生成会话密钥发送给游戏服和客户端，操作完成后连接就会立即断开，而且玩家在以后的游戏过程中不会再与登录服打任何交道。这样处理短连接的过程使得系统在大多数情况下都是比较空闲的，但是在某些时候，由于请求比较密集，如开新服的时候，登录服的负载又会比较大，甚至会处理不过来。

另外，在实际的游戏运营中，有些游戏世界很火爆，而有些游戏世界却非常冷清，甚至没有多少人玩的情况也是很常见的。所以，我们能否更合理地配置登录服资源，使得整个大区内的登录服可以共享就成了下一步改进的目标。

当前，网络游戏种类繁多，每天发布的游戏数不胜数，许多游戏公司在拿到热门影视剧、网络小说的改编版权后，往往要求工程师压缩开发周期，趁着其热度尽早发布。其中，大型多人在线角色扮演类型的游戏占据相当大的比例，而一款好的服务端架构，能够节省开发人员许多精力，缩短开发时间，甚至不同内容的游戏之间，只需要策人员划根据具体情况更换部分模型，就可以进行部分的复用。

较为通用的、以游戏场景为核心的游戏服务端的架构为典型的分布式系统，具有较高的可用性、伸缩性，组件之间具有较低的耦合，易于拓展，能够帮助开发人员在较短时间内完成开发任务。

6.6.2 不同类型的网络游戏服务器的基本架构

1. 弱交互类游戏

弱交互类游戏的网络功能包括积分、排名等内容，不同玩家之间在游戏内容中并不能互相影响，如跑酷类、城镇模拟类等，主要的游戏逻辑放在了客户端，服务器端主要负责玩家数据的记录与验证，避免玩家出现作弊的情况。

2. 战网类游戏

战网类游戏是以局域网类游戏发展起来的，有限玩家在有限区域内进行游戏，如许多即时战略（RTS）、第一人称射击类的游戏。这类游戏主要使用P2P连接，有两种结构：一种是星形结构，以一名玩家作为主机（HOST），同一局的其他玩家与其进行连接；另一种是网状结构，同一局内的所有玩家互相连接。服务器端主要负责用户的验证、基本信息的存储（姓名、等级、头像等）、协助玩家进行组局、对部分无法施行P2P连接的玩家进行数据转发处理。

3. 房间类游戏

房间类游戏以棋牌类游戏为主，单一玩家可以在多个房间与有限人数的玩家同时交互。一般情况下，单一个房间即对应一组虚拟的游戏服务，这组游戏服务对应的资源会随着房间的建立而出现、玩家退出房间而释放，每组房间会有各自独立的运行逻辑。

4. 大型多人在线角色扮演类游戏

大型多人在线角色扮演类游戏以场景作为载体，玩家与玩家、玩家与NPC之间在同一场景中进行互动，彼此之间的状态变迁会对各自产生一定的影响。玩家还要能在不同的场景之间进行无缝切换，即用户能在不同的服务器之间进行无缝切换（即不需要单独的载入界面），此类游戏服务端的架构较为复杂。

6.6.3 通用型服务器介绍

1. 服务器划分的基本原则

（1）游戏中，新用系统资源（CPU、内存等）较多的功能，尽可能分离开，独立成服务器。

（2）同一服务架构下，服务器功能需要尽可能复用（如场景服务器，其中的判断逻辑基本相同）。

(3) 服务器的划分还需要考虑运行时用户的数据如何进行保存、修改以及数据流向。

2. 通用型服务器架构

通用型服务器架构如图 6.3 所示。

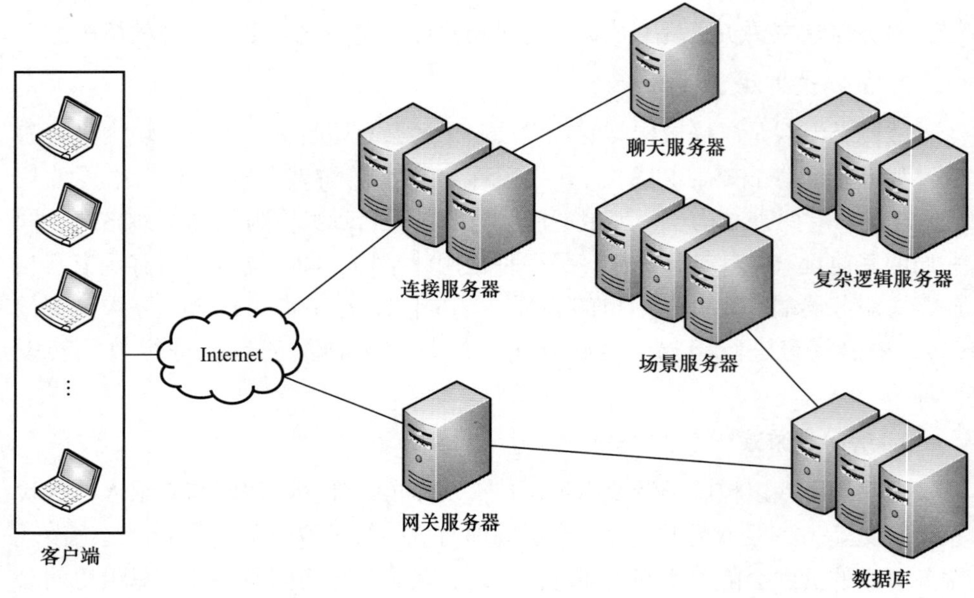

图 6.3 通用型服务器架构图

3. 各逻辑服务器的介绍

1) 场景服务器

在大型多人在线的网络游戏中，为了避免单一服务器的性能和负载过高，大的游戏世界总是会被划分成多个区域，彼此之间互相隔离，运行在不同的场景服务器上，从而组成了游戏世界的基本单元。它们各自负责维护自己场景内的所有实体，并驱动 AOI 来运行游戏逻辑，并提供其他服务器操纵自己场景内的数据的接口，用户可以无缝在各场景之间进行切换。

2) 网关服务器

对外提供登录验证服务，验证通过后，对外再提供可行的连接服务器。

3) 连接服务器

用来保持与客户端的长连接，维护用户的登录状态，存储用户的基本信息以及相应的数据包信息，还会将用户的请求转发至路由服务器。

4）聊天服务器

由于场景服务仅服务于当前场景下的用户，而聊天服务服务于所有在线用户，因此，聊天服务需要和场景服务分离开。聊天服务器会维护一份全局所有在线用户的数据，通过与这些数据和连接服务器进行通信来实现全局通信。

5）复杂逻辑服务器

用于将计算密集型的业务分离出来，如寻路的处理、场景中所有的 AI 的处理。

4. 场景服务器的架构

对于场景服务器来说，在收到来自客户端的数据包之后，需要对其行为操作进行模拟，并将操作的结果广播出去，以便对同场景的其他对象产生相应的影响。因此，服务器程序在运行时，就需要使用一些实体来映射玩家在客户端的数据，即产生一些实体来保存数据，这里就涉及运行时玩家的数据保存、修改以及数据的流向。场景服务器架构如图 6.4 所示。

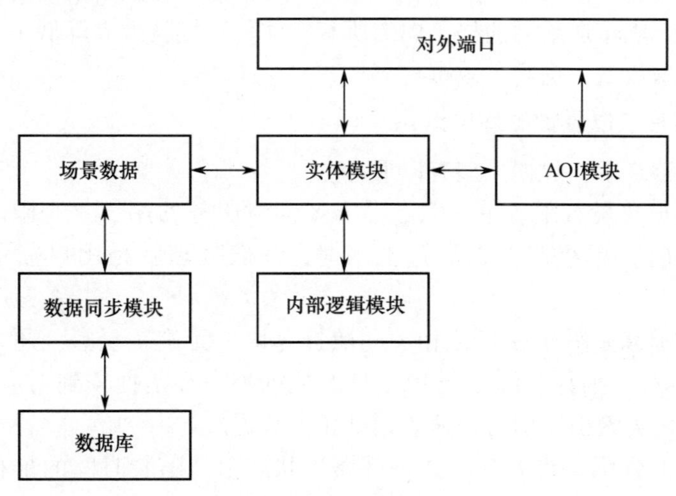

图 6.4　场景服务器架构图

1）实体模块

场景服务器中的所有实体，不仅包括场景中所有可互动的 NPC 或物品，还需要针对每个进入该场景内的用户生成一个抽象实体。非用户实体会在服务器启动时加载至内存中，之后每当一个用户登录至该场景服务器，则生成一个实体，服务器会定时使用数据同步模块将数据同步到数据库中。

在该场景服务器内，每个实体对外提供一个事件接口，以事件来驱动实体中的数据变更，因此，所有实体中的属性和数据只能由实体自身来进行修改，对其他服务只提供数据访问权限。例如，当用户执行一个攻击操作时，则会驱动玩家角色实体，根据玩家当前的状态，得出攻击值，再将此次攻击事件传给玩家角色所聚焦的对象实体，对方收到攻击事件，会根据自身的状态，得出攻击造成损失，最后再将此次攻击的结果广播给周围所有的实体，各实体根据事件来判断对自身的影响。这种设计使得整个系统对于用户的数据修改只有一个输入点，避免了数据被其他服务篡改，数据流十分清晰，便于维护。

2）AOI 模块

在实体模块中，当每个实体收到其他实体发送来的实体时，需要根据对方与自身的距离来判断当前事件是否有效，如果单纯使用全局发送，每个实体则会收到所有实体的事件请求再判断距离，造成较大的资源浪费，而 AOI 模块就是为了处理这种情况产生的。

传统方法是使用灯塔模型来处理 AOI 服务。当前场景会被划分至 $N \times M$ 个等大的格子，每个格子树立一个灯塔，当有对象实体进入或退出格子时，灯塔会去维护自身的实体列表。实体所产生的事件消息，会发送给当前各自对应的灯塔，再由灯塔转送给当前格子内的所有实体。这样就大大降低了每个实体需要接收的消息数量，提高了效率。

5. 数据特点以及数据库的选用

在一些游戏中，数据类型有以下特点。

(1) 数据总量有限。单一服务器需要同时服务的用户是有限的、固定在一定范围内的（单组服务器到达上限时，一般处理就是用户登录时等待排队）。

(2) 数据基本限定在角色相关的数据体内。无论是玩家，还是非玩家控制角色（NPC）、物件，除了场景自身的数据外，都是抽象到对应的实体内，以单一实体作为索引，即可快速查询到相关数据。

(3) 实时性强。绝大多数数据都属于状态值，随着时间的推移而发生相应的变化，每个角色都是持续为其服务，数据易变，因此可以直接放在内存中，提高性能。

理论上，只要服务器永不掉电，可以持续运行，所有数据全部放在内存中是最好的方案。但现实中，总会碰到服务器升级甚至宕机等意外情形，因此，需要数据的持久化来提供容灾支持。

综上所述，sQL 型的数据库其实在 MMORPG 类型的应用中并不是非常实用，而一些 NoSQL 数据库则相对合适，如 Redis、MongoDB 等。

6. 基本运行流程

(1) 等待客户端连接认证。

（2）客户端连接至网关服务器进行认证。

（3）客户端认证成功后，获取用户的基本信息，然后网关服务器会将连接转发至空闲的连接服务器。

（4）客户端向连接服务器发起新的连接，根据客户端所处的场景，在对应的场景服务器上初始化相关实例，同步环境，至此完成基本的初始化工作。

（5）一旦客户端发生异常或者退出，连接服务器会通知场景服务器离开。

第7章

典型游戏引擎

7.1 CRYENGE

CRYENGINE 3 是德国的 CRYTEK 公司出品一款对应最新技术 DirectX 11 的游戏引擎。采用了和 KILLZONE 2 一样的延迟渲染（Deferred Shading）技术，在延迟着色的场景渲染中，像素的渲染被放在最后进行，随后在通过多个缓冲区同时输出。

7.1.1 简介

在 2007 年登场的 CRYENGINE 2，则升级成为一款对应最新技术 DirectX 10 的游戏引擎，采用该引擎的首部作品则是 CRYTEK 本公司的游戏 CRYSIS，至此 CRYTEK 公司在 PC 用游戏引擎领域更上了一层楼，撑起了属于自己的一片天空。随后，在 2009 年 CRYTEK 宣布 CRYENGINE 成功地移植到了家用机的 PS3 以及 Xbox360 平台，在 GDC2009 上正式发布了 CRYENGINE 3（CE3）。

7.1.2 开发公司

德国的 CRYTEK 公司是在 GPU 进入可编程时代后，最先发现游戏引擎的重要性并且着手开发的独立游戏工作室之一，他们于 2004 年开始发售采用初代 CRY ENGINE 引擎制作的游戏 FARCRY，取得了非常好的销售记录。但可惜的是作为游戏引擎 CRY ENGINE 的销售却并没有获得成功。当然，也听说 CRY ENGINE 的部分功能被欧洲的一些游戏公司如 Academy 公司等采用，在一些社团内仍然受到了很高的评价。

7.1.3 图形引擎

CE3 的图形引擎，基本上是以 CE2 为基础进行加工完善而成的，可以认为是对与 PS3 以及 XBOX360 进行的修正。CE3 并不是改变 CE2 图形引擎的渲染流程，而是给人一种将 CE2 的各个部分在各个游戏平台上进行最大幅度的优化，以便得能够更好地对应各个平台的感觉。

下面就让我们来看一下 CE3 图形引擎中最具有代表性的几个部分。

1. 实时动态光照（Real-time Dynamic Illumination）

不进行预先的演算，也不限制场景的复杂性，能够实现二次光照与反射等特效。在图中能够看到空中漂浮的光点照亮了周围，而被光源照射到的物体身上的反射，就是段落开头说说的特效。不进行预先的演算，不被几何条件所左右是该引擎的最大特点。

2. 延迟光照（Deferred Lighting）

CE3 中采用了和 KILLZONE2 一样的延迟渲染技术，在延迟着色的场景渲染中，像素的渲染被放在最后进行，随后在通过多个缓冲区同时输出，最后进行的是光照渲染。这是一种将存在于该场景的光源通过类似于后处理的渲染来进行的处理。在该流程中，理所当然的要对光照进行计算，这个时候首先需要使用到的是通过多个缓冲区输出的中间值。在延迟光照中，就算是遇到动态光源比较多，或者是场景内 3D 物件数量比较多的情况，也能够高效率地进行光照渲染。但是，因为半透明物件需要同普通的渲染管线的效果进行合成处理，所以在遇到场景内半透明的物件比较多的场合，可能会碰到性能的损失，使得延迟渲染的效果无法得到很好的发挥。

3. 动态软阴影（dynamic soft shadows）

动态阴影的生成可以说是 CE 引擎的一个特色，CE3 中使用了深度阴影的算法来实现阴影的生成。而阴影边缘则使用了模糊滤镜，从而实现了平滑的软阴影效果。

7.1.4 作品

1. 《误造》(Miscreated)

《误造》（Miscreated）是由 CryEngine 制作并发行的一款后世界末日风格的多人在线游戏，游戏以生存冒险为基础，结合了《腐蚀》（Rust）以及《DayZ》的风格。游戏中玩家将进入一个末日世界，为了生存下去必须不断地接受各式各样的挑战。

2. 《孤岛危机》系列

《孤岛危机 3》为《孤岛危机》系列三部曲的第三作，游戏已经上市。EA 零售平台 Origin 方面已经发布了 EA 的这款射击作品——《孤岛危机 3》。《孤岛危机 3》预购价格 59.99 美元，2013 年春季发售，有 PC、PS3 和 Xbox 360 版本。

3.《战争前线》

《战争前线》（War Face）是由德国 Crytek 公司自主研发的军事射击类游戏，由 Crytek 基辅工作室开发，Crytek 首尔工作室和 Crytek 法兰克福工作室协力。以未来军事冲突为背景，采用自有的 CryENGINE3 引擎打造。该游戏 PC 版在中国大陆率先发行，由腾讯游戏代理并发布中文名《战争前线》。

4.《狙击手：幽灵战士 2》

波兰开发商 City Interactive 日前公布了《狙击手：幽灵战士 2》的最新细节信息，其中最大的亮点就是游戏中加入了载具以及多人合作模式。

《狙击手：幽灵战士 2》使用的是 CryEngine 3 引擎，很可能它将是一部与《孤岛危机 2》画面水平相当的作品。

5.《怪物猎人 Online》

《怪物猎人 Online》是一款由 CAPCOM 授权，腾讯游戏和 CAPCOM 联合开发，腾讯游戏发行的网络游戏。采用 CryENGINE3 引擎，即时阴影、水面反射、粒子和体积光等技术也应用到游戏中。这一引擎在游戏中被用于复刻前作的模型，和制作全新的内容。除此之外，还有昼夜变化。CryEngine 支持的昼夜变化能让游戏中的场景亮度随时间的改变而缓慢地前进，例如，阴影会缓慢地从长影子（早上）变成短影子（中午），再变成长影子（黄昏），直到黑夜缓慢降临。

7.2 Unreal Engine

Unreal Engine 4 简称为 UE4，我们一般也会称之为虚幻引擎 4，它在 2014 由 Epic Games 公司发行。UE4 引擎这几年被人们所熟知，因为 VR 从 2016 年开始就是一个热门词汇，而它主要是一款可以进行的 VR 开发软件。并且这两年一款非常热门的游戏《绝地求生》也是由它开发的，也就是人们所熟知的吃鸡游戏。这款游戏自开发之后至今一直处于火爆的状态，获得多项大奖还打破了 7 项吉尼斯纪录。由于游戏的火爆它的主要开发引擎也被人们所熟知。而且 UE4 还有一个更主要的优势是视觉效果要超过同级别竞争产品。并且它还包含了两种开发方式，便于更多的用户去使用它。这两种开发方式分别是利用 C++ 语言方便让专业计算机人士开发，还有一种是利用蓝图 Blueprint 采用节点的方式方便非计算机专业人士开发作品。蓝图 Blueprint 可以把它理解为一种可视化脚本，可以完成无代码编程，不需要掌握任何的编程语言就可以开发游戏。并且 LTE4 都是免费下载使用的，这也让越来越多的开发者选择它。直到今天 UE4 已经是世界上最知名运用最广，画面质量最好的开发引擎。UE4 工作界面如图 7.1 所示。

图 7.1 UE4 工作界面图

7.2.1 平台介绍

Unreal Engine 4 是由 Epic Games 公司开发的功能强大且广泛使用的专业的 AAA 级别游戏引擎，用于创建实时三维虚拟现实互动程序，广泛应用在虚拟仿真、室内设计、电影、动画和互动游戏等各个领域。对于非商业用途，他们发布了非商业性和教育性版本，提供了免费的使用权限，并完全开源使用，这意味着不需要购买游戏本身来运行社区开发的修改和应用程序。

对于室内和室外环境的优化，它是最先进和功能最丰富的完全集成的渲染引擎之一。该引擎支持高性能渲染，高级动画功能和高品质动态照明，提供沉浸式的虚拟体验。它为建筑设计、可视化和高级可视化表达提供了其他任何产品或系统都无法比拟的特性和功能，Unreal Engine 4 有潜力推动虚拟现实技术在诸多领域的普适性的广泛应用，从虚拟现实概念到表达，甚至更远。和大多数游戏引擎一样，其被封装在一个二进制运行库里，同时 Unreal Engine 4 还有一个高级的可视化脚本系统称为蓝图可视化系统。它允许用户在不编写任何代码的情况下创建游戏，同时支持可扩展的 C ++ 编码，方便用户编程使用。其设计语言里最重要的是 Objects、World Actors 和 Actor Components。

7.2.2 特性

1. 跨平台性

Unreal Engine 4 支持跨平台的解决方案，是一个面向 Windows、IOS、Android、HTML、Xbox 360 和 PIayStation VR 等多种平台的完整开发框架，并提供了充分的核心技术、内容编辑工具，从而保证其能够在多种平台上轻松发布。

2. 易用性

Unreal Engine 4 的设计思想都是使得内容创建和编程变得更方便，其设计目标是赋予使用人员拥有尽可能多的控制权来开发可视化环境中的资源，最小化程序员的协助，提供了免费的版本。同时，对其开源了其完整的代码，支持蓝图可视化编程，可以轻松编辑对象和进行交互，调整输入控件以及许多其他操作，而无须编辑代码。并且为初学者提供大量的技术文档，甚至视频教程来教授场景设计和脚本编程等。

3. 高逼真度虚拟渲染

沉浸感是评价虚拟现实软件的一个重要指标。虚拟现实用数量极高的帧数去渲染繁杂多样的场景，基于物理的渲染技术、高级动态阴影选项、光线等强大的功能帮助用户可以灵活高效率地制作出令人叹为观止的“好莱坞”级别的虚拟视觉效果，从而保证 UE4 可以达到 AAA 级的互动体验，360°音响效果和高画质视觉特效带来真实的体验，能够满足虚拟现实的一切需求。

7.3 Unigine Engine

Unigine 引擎是一款实时的三维渲染引擎，目前主要应用于虚拟现实以及三维可视化仿真等领域。UNIGINE 不是一款三维游戏引擎，官方对其定位是严肃、针对高端市场的应用软件开发工具，其专业性非常强。目前其在大型三维地形构建、高效渲染等方面的表现非常突出，拥有巨大优势。目前，UNIGINE 引擎已经被应用于多个行业的虚拟仿真项目具体实现，如在军事、海事、航空航天领域 UNIGINE 推出了多个官方 demo，而在室内设计、城市规划等领域应用也非常广，目前还在慢慢深入教育科研、工业仿真等领域。由于它能够构建非常逼真又震撼的三维场景，支持实时的模拟交互设置，因此对教育演练培训、广告宣传等都有着较好的应用效果。基于 UNGINE 引擎的这些优势，本书采用这一引擎作为列车运行可视化的作为开发工具。UNIGINE 引擎通常采用 C ++或者 C#两种面向对象的语言并结合引擎内置脚本进行开发，可以在如 Windows、Mac OS、Linux 等常见操作系统上运行，主要特征如下：

（1）面向对象编程，拥有丰富插件扩展，能够实现跨平台开发，且具有文档支持。

（2）拥有完善的脚本解析系统。可以通过脚本来对编辑器中的多种资产等管理。

（3）包括强大的物理模块，内置物理引擎全面支持碰撞检测。

（4）支持多种类型贴图、不同材质贴图，同时支持多纹理、立体投影，并且支持高级着色器 shader 编写等。采用节点场景管理，内置多种数据结构。

（5）支持 LOD 模型加载渲染，并支持多种动画，如骨骼动画、蒙皮动画、顶点动画等，还支持这些动画的混合动画效果。

（6）支持公告牌、粒子系统、PBR 材质渲染、运动模糊设置，其场景编辑器还支持水、太阳、天空、雾、spline 轨迹、透明对象等。

（7）支持 XML 格式文件解析与转换。

Unigine 引擎属于商业引擎，目前暂未开发其源代码，主要包括 Starter 基础版、Professional 专业版、SIM 仿真版这三种版本。其中 SIM 版本 UNIGINE 能够支持三维大地形、真实地理坐标等，还能以 CAVE 和多通道等方式进行结果输出，因此主要适用于航天、军事、城市规划等较大规模的三维场景仿真。Professional 版本通常适用于工业仿真、室内设计等专业性需求较强的领域。最精简的 Starter 版本 UNIGINE 侧重于娱乐体验，主要适用于一些虚拟现实体验相关的项目。本书选用 SIM 版本的 Unigine 引擎实现对列车运行过程的可视化，SIM 版本的 Unigine 引擎架构图如图 7.2 所示。

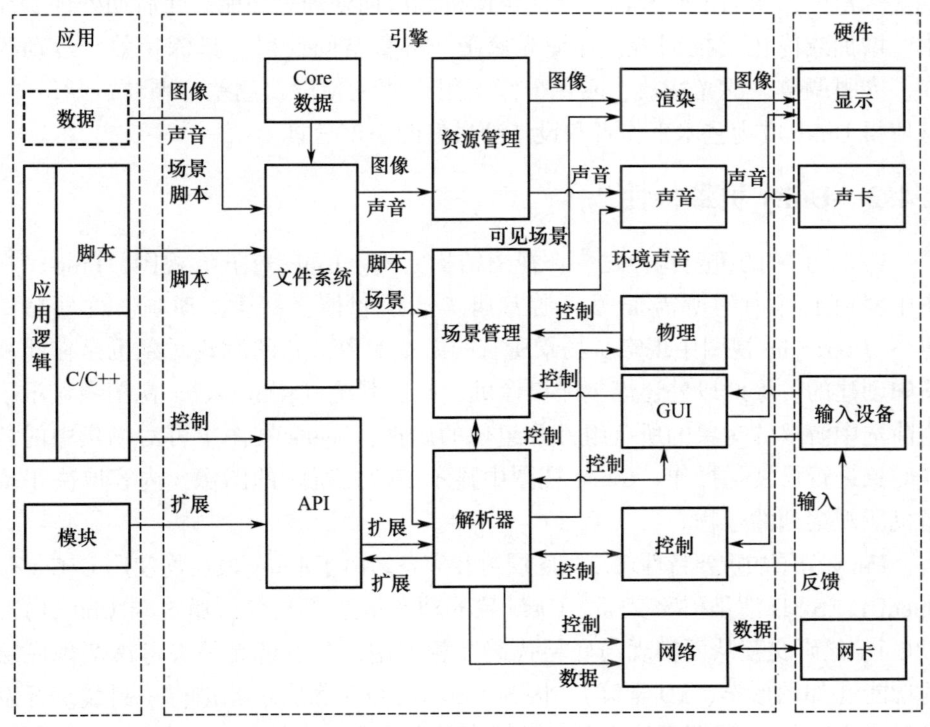

图 7.2　SIM 版本的 Unigine 引擎构架图

7.4 Unity

7.4.1 Unity 简介

Unity 是一款由 Unity Technologies 公司开发的跨平台专业 3D 游戏引擎，2005 年发布了 Unity 1.0。它具备一键部署功能，可以使产品在 Windows、Mac、Web、iOS、Andriod 等平台发布。目前有诸多知名移动游戏使用 Unity 作为开发引擎，如《王者荣耀》《阴阳师》《炉石传说》。在 3D 方面，Unity 有 Mecanim 动画、G 全局光照。在性能管理与检测方面，Profilero 是一款完备而优越的引擎。

Unity 3D 是毫无争议的世界第一大引擎，其所开发的游戏，占据了全球游戏市场约三成。而游戏行业的开发人员，近一半都是 Unity 3D 的用户。尤其在 Andriod 与 IOS 手游方面，占有率高达 60%。微软、任天堂、EA、暴雪、索尼、三星、腾讯、谷歌、FACEBOOK、ADOBEA、TODESK、小米、苹果，甚至美国航空航天局，都是其合作伙伴。

在 Untiy 2017 版中，开发者从视频创造、实时操作分析、改进图形、混合现实等角度，增加了时间轴、智能摄像机和后期处理等功能。在后期处理功能中，增加或优化了抗锯齿、环境光遮蔽、屏幕空间反射、景深特效、运动模糊、人眼调节、泛光特效、颜色分级、用户调色预设、色差、颗粒、渐晕等。这使得 Unity 成为艺术工作者和设计师最好的引擎工具。

7.4.2 Unity 引擎特性

Unity 引擎的重要特性之一：视图结构完整。Unity 有五大视图，Project 视图中罗列工程中的所需资源（游戏脚本、预制体、材质、动画、纹理贴图等）；Hierarchy 视图中现实了场景所有的游戏对象，新的游戏对象也是在此视图中创建的，除此以外还能创建摄像机、粒子系统等；Inspector 视图中显示了当前选中游戏的对象的所有组件及组件的属性；Scene 视图中可对场景中的游戏对象进行可视化操作；Game 视图中显示游戏运行时的图像，内容取决于摄像机所观察到的景物。

Unity 引擎的重要特性之二：底层封装完备。由于 Unity 底层均使用 C/C ++、OpenGL ES 3D 渲染引擎交互，C#封装了动态链接库文件，通过与 Unity 内部 C/C ++代码交互从而实现与底层代码互相调用，开发者无须去考虑实现底层的功能（如图形学、3D 学等），因为 Unity 已经在底层对此进行了封装。开发者只需要编写 C#码即可访问动态链接库及相关的 API 接口。

不过，Unity 效率并不高。在 UI 层面，无论使用 NGUI 还是 UGUI，只要界面元素增多就会使得界面卡顿。同时，同屏人数的增多会使帧率下降。之所以开发者日益青睐 Unity，主要是由于其具有跨平台和易上手两个特性。

7.4.3 Unity 3D 中的关键技术

1. 预制体

预制体（Prefab）为 Unity 中的重要概念，prefab 中储存着一个游戏对象，包括游戏对象的所有组件以及其下所有子游戏对象。在 Hierarchy 视图中可以对 prefab 进行复制、粘贴。Prefab 的核心要素有以下四点：

（1）Prefab 可以被放入多个场景中，也可以在一个场景中被多次放入。

（2）当一个场景中增加了一个 Prefab 就实例化了一个 Prefab 的实例。

（3）所有 Prefab 实例都是 Prefab 的克隆。

（4）只要 Prefab 原型发生改变，则场景中所有的 Prefab 实例都会发生变化。

在移动 MMO 中，Prefab 的这些特点决定了当需要开发 NPC 角色时，无须复制多个 GameObject 来表示该角色，因为每个 GameObject 是相互独立的。可以使用 Prefab 批量创建 NPC，如果有需要再使用 GameObject 进行自定义。在《传奇世界 3D》中，最为典型的对 Prefab 的运用案例便是公测第六版本的“凌霄残章”活动，该活动中总共会刷新 796 个模型及内在属性完全一致的“鹰品残章”，此时将“鹰品残章”设为 Prefab 即可大大减小的工作量。

2. MonoBehaviour 核心脚本

MonoDevelop 是 Unity 采用的跨平台脚本编辑器，而所有创建的用于添加到游戏对象上的脚本都必须显式地继承自 MonoBehaviour。换言之，MonoBehaviour 类是所有 Unity 3D 脚本的基类。继承自 MonoBehavior 的脚本，可以使用 MonoBehavior 中丰富的类成员。最为重要是，MonoBehavior 脚本从唤醒到销毁有完整的生命周期，表 7.1 所列为其生命周期的各个阶段。

表 7.1 MonoBehavior 脚本中重要类成员

函数名	功能
Awake（）	游戏对象被创建时（无论是否激活），其绑定脚本会在创建帧内执行此函数
OnEnable	当脚本状态变为 enable 或 active 时，触发 OnEnable
Start（）	脚本被激活时，执行此函数
Update（）	处于激活状态下的脚本每一帧都会调用此函数，用于更新逻辑

（续）

函数名	功能
LateUpdate（）	处于激活状态下的脚本每一帧内，都会在 Update（）后调用此函数，调整代码执行顺序
FixedUpdate（）	需要固定间隔时间来执行代码时，用此函数
OnGUI	用原来处理渲染和 GUI 事件
OnDisable	当脚本状态变为 disable 或 inactive 时触发 OnDisable
OnDestory（）	当前脚本销毁时调用该函数

3. 地形

MMO 会呈现给玩家一个庞大的虚拟世界，而首先呈现在玩家面前的便是地形。但是与现实世界不同的是，在虚拟世界中，需要对地形进行解构，用数据结构去描述地形的基本信息（如坐标、层级等），并且需要有高效的定位访问机制。而地形的最大意义，即是为上层模块提供定位服务。Unity 中有一套功能强大的地形编辑器，其支持以笔刷绘制的方式精细地雕琢出各类地形，同时包括了地表材质纹理、动植物等功能。

对于客户端而言，需求地形的精度较高，因为地形会直接传递给玩家。但是在服务器中，需求地形精度不用很高，服务器仅仅起到校验的功能。

第8章

军事训练游戏《铁甲突击》设计实例

《铁甲突击》是一款面向装甲机械化部队基层官兵和军事院校学员，基于虚拟现实技术开发的具有辅助训练功能的三维联机对战军事训练游戏软件。图8.1是其宣传海报。

图8.1 《铁甲突击》游戏海报

玩家在紧张刺激的带战术背景的逼真战场环境中进行游戏，寓教育训练于游戏娱乐之中，通过近似实装的游戏操控掌握现役装备操作使用技能，通过贴近实战的游戏对抗提高对装甲兵单车战术及连排战术的运用水平，达到强化其技战术素养、培养联合作战背景下的战术协同意识的目的。

通过具有我军特色的游戏内容设计丰富军营文化，提升官兵的爱军习武、报效祖国的热情。

8.1 游戏特点

1. 游戏科目设置贴近实战、实训，游戏场景逼真、故事脚本丰富、可玩性高

游戏以现行的陆军军事训练与考核大纲为依据，以典型战例为游戏故事脚本，设计有训练、人机对抗（PVE）、人人对抗（PVP）三种玩法的游戏关卡，以各军区战术训练场的三维地形为参考，制作了体现山地、丘陵、城镇、雪地、滨海、沙漠5种地形的16张游戏地图，官兵可以在游戏中训练8种单坦克战术动作，并完成在空地一体、海地一体联合作战大背景下的合成营规模下的4种战术行动（坦克连（排）进攻行动、遭遇行动、防御行动、登陆行动），培养官兵的联合作战意识和战术协同意识。图8.2为《铁甲突击》游戏场景图。

图8.2 《铁甲突击》游戏场景图

游戏同时针对每一名参与游戏的官兵都设计了个人成长系统、激励系统、技能成长系统等，随着游戏次数的增多，玩家的个人级别、荣誉等级、专业技能值也会增加，可以和连队现实的各种奖励实现无缝地对接，增强了游戏的可玩性，提升了官兵的训练热情；官兵通过这种寓教于乐的训练方式，即增强了技战术素养、培养战斗意识的同时也感受到具有我军特色的军营文化生活。

2. 采用了先进的虚拟现实与仿真技术

使用了高性能的游戏引擎和高逼真度、自适应恒定帧速率的大规模战场环境生成技术、多Agent的虚拟兵力自动生成技术及武器装备物理特性仿真技术等，提升了游戏场景、网络、人工智能、物理等相关组件的性能。图8.3为《铁甲突击》游戏场景仿真图。

3. 安装方便、易于维护、性价比高

和装备训练模拟器及大型的装备模拟训练系统相比，游戏软件具有安装方便、易于维护、性价比高等特点，是从装备模拟器训练到实装训练中的一个很好的补充。

图 8.3 《铁甲突击》游戏场景仿真图

8.2 游戏玩法

游戏有训练关卡、人机对抗（PVE）关卡、人人对抗（PVP）关卡三种游戏玩法。

1. 训练关卡玩法

训练关卡主要完成坦克驾驶员、车长、炮长的单乘员技能训练，依托学院驾驶场三维地形环境展开，其中训练科目的设置根据《陆军军事训练与考核大纲（坦克分队）》（C-LJ01-51-2008）规定，适当作以删减，玩家在关卡中以驶员、车长或者炮长身份操控坦克完成相关的关卡任务，玩家在训练关卡中的游戏情况也会记录下来，并会有相应的激励积分。

2. 人机对抗（PVE）关卡玩法

PVE 关卡主要完成坦克单车专业技术合成训练及单车战术训练功能，两三名成员（也可以是一名成员）分别担任不同的身份共同操控一辆坦克和游戏中的计算机自动生成兵力（CGF）进行战斗，通关后就可以进入下一关卡，多种关卡地图可以进行随机组合，难度也会从易到难，并且可以设定，玩家在关卡的操作成绩可以记录并根据完成情况得到相应的级别经验和荣誉奖励。

3. 人人对抗（PVP）关卡玩法

PVP 关卡涵盖不同地形、不同气候、不同战场态势、不同作战目的下的装甲分队作战情形，主要依托确山战术训练场的虚拟三维战场环境经过适当改造，并结合历史上一些经典的战例重新构造了游戏场景，图 8.4 为学员体验《铁甲突击》的画面。

在 PVP 关卡中，当前主要设计有训练、团队竞技、占领、挑战、个人竞技 5 种战斗模式，后续还会有更多模式加入，如表 8.1 所列。

在每一种模式的 PVP 关卡中，玩家操控的坦克都有具体的战斗任务，玩家不仅需要保全自己、消灭敌人，还应服从指挥，积极配合其他乘员，专注于完成自己的战斗任务。能否迅速准确地完成任务是游戏对玩家进行胜负评价，并根据结果给予各种奖励的唯一标准。

图 8.4 学员体验《铁甲突击》的画面

表 8.1 《铁甲突击》PVP 关卡游戏模式

团队竞技模式	玩家分成两队，在 15min 内，消灭对方全部坦克，或者占领对方要点即可获胜。这种模式有多种样式的地图涵盖了遭遇行动、仓促防御行动等战术训练科目	
占领模式	双方争抢位于地图上的唯一的一个基地，占领时间较普通模式加长，且当对方车辆进入圈中，占领计时会暂时冻结，使得一方抢占变得十分困难，必须通过歼灭敌方有生力量获得优势，才能占领成功，这种模式下有多种样式的地图涵盖了仓促防御行动、遭遇战等战术训练科目	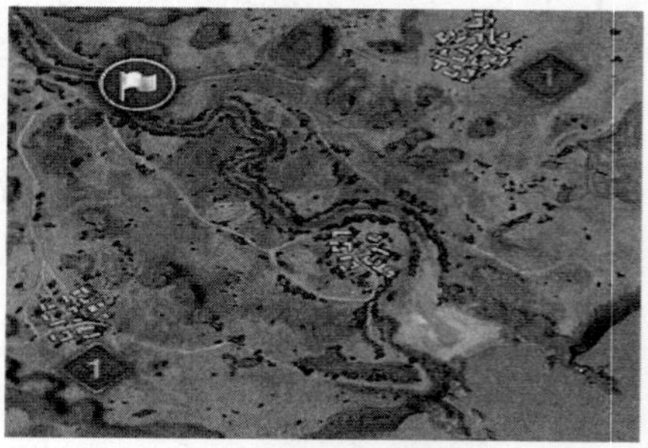
训练模式	在训练模式中，玩家可以创建一个房间，并自由选择地图，开放给其他玩家进入，也可以只邀请好友进入房间。可以使用这种模式进行 1 对 1 的对抗训练，以练习战斗技巧和熟悉地图。在训练模式下，除炮弹和给养消耗费用之外，坦克的维修费用全免	

（续）

个人竞技模式	这种模式下，所有的坦克都互为敌对，在规定时间射杀坦克数量来计算经验值和奖励值。所有的地图都可以使用这种模式，主要用于训练单坦克战术各种动作的运用能力	
挑战模式	这种模式下，红蓝双方游戏一开始并不知道对方在地图上的大概位置，对方的位置是未知的，以射击对方所有坦克或者指定时间为结束条件。这种模式有多种地图涵盖了仓促防御行动、遭遇战等战术训练科目	

8.3　游戏关卡设计

8.3.1　关卡设计指导思想

游戏关卡设计是游戏策划工作的重要组成部分，是实现游戏定位的具体手段。每个关卡都是一个虚拟的战场环境，在关卡中进行的每场战斗都有各自的战术想定和运行方式。

关卡的设计首先听取了坦克分队战术领域的军事专家意见，并遵循四个基本原则。

1. 坦克分队的大部分分业训练科目都将以近似真实操作形式得到体现

对于训练关卡和PVE关卡设计，以能够体现真实的坦克兵各专业操作程序为主，不要求做到和训练模拟器一样的操作方式及操作细节，主要以训练操作流程为主。

2. 战术想定情景有实战意义，以练战术意识为主

对于PVP关卡的设计则以最大限度地体现坦克分队战术运用思想为主，适当简化作战指挥流程，给玩家更大的自由发挥的空间，使娱乐性和训练性有一个平衡点，关卡设计时只赋予初始条件，即给定了双方的兵力、装备、战场地形、天候条件等要素；根据要训练的科目赋予相关的作战目标，即给定了上级的意图。玩家在关卡中的游戏过程则是在其正确判断当前形势和充分领会上级意图的前提下，充分发挥主观能动性、灵活运用各种战术的过程，在这一点上，玩家在游戏关卡中游玩和分队指挥员在现实中指挥战斗是一致的。

因此，《铁甲突击》的PVP关卡设计类似作战想定，又不同于作战想定。二者相同的部分在于都需要分析敌情我情、都需要给定上级意图；二者不同的部分在于关卡设计不需要预先设定或者假定双方玩家以何种方式遂行作战行动——这个部分已经完全交到双方玩家，特别是担任指挥员角色的玩家手中。

3. PVP关卡红蓝双方拥有大致均等的取胜机会

与完全依照现实中的作战想定相比，游戏的关卡设计方法带来了以下两点好处：

（1）更有利于提高官兵的实战能力。采用游戏的关卡形式可以在一个游戏关卡中蕴含无数的可能性。由于不假定双方采用的战术，游戏中可能出现教科书式的阵地攻防作战，也可能出现事先没有任何准备的遭遇战，还可能出现佯攻、偷袭、半路截击甚至是其他非正规的战术运用，每一场战斗的情形都不尽相同。在广阔的战场上，很难预测对方采用怎样的战术、敌人会从哪个方向出现，这就要求双方的指挥员具备更强的战术运用能力和指挥应变能力，而双方的每一位玩家都要具备过硬的操作技能，才能在充满变数的战场上生存下来。

（2）更适合用计算机游戏手段来表现。基于现实中的作战想定，坦克连排很少单独作战，因此在游戏中也必须将坦克连排纳入合成营以上规模的战斗情形中。这就要求设计出其他兵种的作战行动，并且全部用人工智能手段来实现；无论从设计还是技术实现的角度，这都超出了一款局域网联机对战游戏所能承载的范围。而如果采用游戏的关卡形式，意味着我们将着眼点放在了坦克单车操控和连排战术运用的层面上，可以减少不必要的限制，用计算机游戏最擅长的方式来处理问题，收到更好的效果。

8.3.2 关卡内容设计

游戏关卡设计主要完成游戏静态场景设计和游戏运行逻辑设计，包括以下工作。

（1）地图编辑：设计战场地形，设置各种高地、土包、河流、植被等，图8.5为《铁甲突击》游戏地图。

（2）设置人造地物：设置双方兵力配置，设置阵地上的防御工事和各种建筑物等。

（3）自然环境：设置战场上的天气情况。

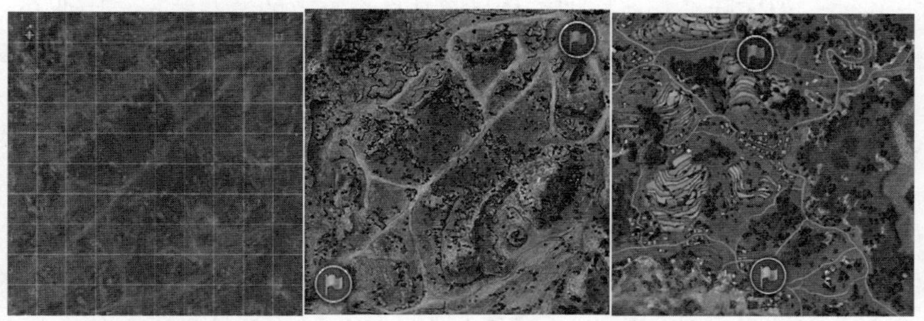

图 8.5 《铁甲突击》游戏地图

（4）参数调整：设置各种作战武器的性能参数。

（5）气氛渲染：设置各种增强临场感的音乐、音效、烟火特效等。

（6）智能设计：设置战场目的各种智能体运行逻辑。

（7）玩法逻辑设计：设计游戏的玩法过程逻辑，相关运行数值设置，任务流向设计。

（8）玩家交互界面设计：设计游戏过程中的各种交互控制界面和操控方法。

8.3.3 关卡设计流程

游戏关卡计划采用以下工作流程进行设计。

1. 关卡地图选定

以现有的确山战术训练场、朱日和战术训练场和学院驾驶场及战术训练场三维地图为蓝本，选定适合制作游戏关卡的区域，在某些情况下根据想定对地图进行相应的改造。

2. 科目构成设计

仔细分析选定的关卡地图，根据地形、地物分布特点，初步决定在该关卡地图上设计几个训练科目、训练科目的大致内容以及每一个训练科目使用的作战区域。

选定的关卡地图上包含多种地形，或者具备设计多种作战样式的潜力时，应当尽量在不同特点的地形上分别设置多个不同的训练科目。选定的关卡地图只适合训练一个科目时，也可以通过变换初始条件和作战区域设计出多个子关卡。

3. 分科目详细设定

科目构成设计完成之后，需要对每个训练科目分别进行详细设计。虽然规模有所缩小，但实际上每一个训练科目都是一个完整的游戏关卡，因此分科目详细设定是整个关卡设计流程的重点。分科目详细设定应该对每一个训练科目指定以下内容：

（1）作战样式。阐明对红方和蓝方来说，这分别是一场什么样式的战斗。

（2）作战区域。划定该训练科目在关卡地图上对应的作战区域。红蓝双方的玩家均不得超出作战区域限制。

（3）战场条件。包括作战进行的时间、天候条件等。

（4）初始条件。给定红蓝双方兵力的初始位置、移动方向、攻守态势等信息。

（5）上级意图。说明红蓝双方为什么来到这里，红蓝双方的上级意图是要做什么。

（6）评分规则。这一步是分科目详细设定工作中的重点，需要根据之前设定的作战样式和上级意图，研究如何对红蓝双方玩家的各种作战行动进行评判。评分规则必须忠实地体现玩家对当前作战样式的掌握程度、对上级意图的领会和达成程度，同时又必须遵循对双方公平的原则。

（7）其他规则限制。根据具体作战样式的不同，补充规定在这个科目中玩家可以做哪些事，不能做哪些事。另外，玩家可以携带的补给、可以获得的上级支援也可能发生变化。

4. 规则剪裁与补充

在所有科目的详细设定完成之后，检查将它们组合成一个关卡系列的合理性和公平性，考虑以下问题：

（1）系列构成方式。将设计完成的所有科目都加入系列中，还是允许玩家自行选择其中一部分，或者每次游戏开始时系统随机选择一部分。

（2）权重。区分不同复杂度和难度的训练科目，从某些科目的战斗中获得的分值应该具有更高的权重。

（3）公平性。检查对于那些初始条件不对称的训练科目，例如阵地攻防，是否需要采用对调双方位置的方式来平衡等。

5. 总体检查

由军事专家对关卡设计进行审核。尤其要注意站在玩家的角度去思考玩家可能采取怎样的战术。检查游戏的规则是否留有漏洞，避免玩家以设计者不希望看到的方式“偷取”关卡的胜利。

6. 测试

将制作完成的关卡发放给测试用户，收集用户意见并进行修改。

8.3.4　关卡形式

《铁甲突击》游戏包含16个训练关卡、6个PVE关卡和15个PVP关卡。

训练关卡（图8.6）主要完成坦克驾驶员、车长、炮长的单乘员技术训练，依托学院驾驶场三维地形环境展开，其中训练科目的设置根据《陆军军事训练与考核大纲（坦克分队）》（C-LJ01-51-2008）规定，适当作以删减，玩家在训练关卡中的游戏情况也会记录下来，并会有相应的激励积分。

PVE关卡主要完成坦克单车专业技术合成训练及单车战术训练功能，两三名成员（也可以是一名成员）共同操控一辆坦克和游戏中的CGF虚拟坦克进行战斗，通关后就可以进入下一关卡，6个关卡地图可以进行随机组合，难度也会从易到难，并且可以设定。

PVP关卡涵盖不同地形、不同天候、不同战场态势、不同作战目的下的坦克分队作战情形，主要依托确山战术训练场的虚拟三维战场环境经过适当改造，并结合历史上一些经典的战例重新构造了游戏场景。

在PVP关卡中，当前主要设计有训练、团队竞技、攻防、夺取、个人竞技、遭遇战斗6种战斗模式，后续还会有更多模式加入。

图8.6　《铁甲突击》射击专业训练科目游戏界面图

8.4　游戏功能

游戏主要通过训练关卡、PVE关卡、PVP关卡三种关卡形式实现以下内容的辅助训练功能。

1. 以训练关卡完成射击、驾驶、通信指挥专业技能训练功能（2.0 版）

1）射击专业训练

玩家可以在游戏中完成以下射击技能训练，内容包括描绘信封靶、快速精确瞄准发射、稳像工况下原地对不动目标射击、稳像工况下原地对运动目标射击、装表工况下原地对不动目标射击、装表工况下原地对运动目标射击、使用火控系统原地对不动目标射击、使用火控系统原地对运动目标射击。

对上述的训练科目可以做到训练环境逼真、训练过程带有趣味性、战术背景合理、考核过程有对抗性。

2）驾驶专业训练

玩家可在游戏中完成以下驾驶技能训练，内容包括基础驾驶、通过限制路和障碍物驾驶、各种道路驾驶、上下输送平台驾驶、涉水和潜渡驾驶、特殊地形驾驶。

对上述训练科目主要以体验为主，不做考核要求。

3）通信指挥专业训练

游戏可模拟实际坦克分队的电台和车内通话操作流程，提供内置的车际和车内的通信模块，玩家可以在游戏中模拟完成电台与车内通话器的使用；模拟简单的指挥信息系统操作，通过提供简单的二维态势地图，使用语音和预置短语实现简单的指挥命令的发送和接收。

4）坦克单车专业技术合成训练

游戏内可完成以下坦克单车专业技术合成训练：稳像工况下（自动跟踪）运动中对运动和不动目标射、稳像工况下（自动跟踪）短停间对运动和不动目标射击，装表工况下短停间对运动和不动、行进间对不动目标射击、高射机枪射击、远距离射击，训练内容可以考核，并可以记录训练成绩。

2. 以 PVE 关卡主要完成坦克单车专业技术合成训练及单车战术训练（2.0 版）

游戏内可完成单坦克基本战斗动作，训练以下内容：利用地形、观察战场、车内协同、车际协同、消灭目标、克服和通过障碍物、占领、转移与撤离，游戏场景可体现不同类型的战场环境，结合地形、水文和天候构设复杂的战场环境和战术情况，训练内容可考核并可记录成绩。

3. 以 PVP 关卡完成坦克连（排）、单车战术对抗训练功能（1.0 版）

游戏内进行坦克连（排）战术对抗训练，内容如下：战术队形与队形变换、阵地进攻行动、登陆行动、城镇进攻行动、山地进攻行动、遭遇行动、仓促防御行动、城镇防御行动、山地防御行动；根据作战对象和战斗任务特点设计合适的作战场地和敌方可能的战斗部署、战术手段、火力运用、战斗行动等，结合地形、水文和天候构设复杂的战场环境和战术情况，训练内容可考核并可记录成绩。

8.5　游戏运行环境

1. 游戏 1.0 版本运行环境

1）单机环境配置要求

最低配置：CPU 任意双核处理器；内存：2GB；显卡：1GB 显存显卡。

推荐配置：CPU 任意四核处理器；内存：4GB；显卡：2GB 显存显卡。

输入输出设备：驾驶射击一体化游戏杆（选配）。

软件平台为 Windows7（64 位）操作系统、MySQL 数据库、DX11 图形库。

2）网络环境配置要求

局域网模式：普通连队计算机房的局域网环境，客户机配置同单机要求。

广域网模式：军内互联网或者军区内部网环境，客户机配置同单机要求。

2. 游戏 2.0 版本运行环境

在 1.0 版的基础上扩展加入驾驶操控设备、火力操控台、虚拟现实头盔等输入输出设备，构成轻量级的游戏环境，操作效果更加真实。

8.6　游戏运行逻辑设计

为支持游戏关卡的运行，在游戏运行逻辑设计中，设计了 6 个模块来支撑上述游戏思想的实现，它们分别是战斗管理、战斗控制、网络通信、装备保障、装备改造、荣誉激励模块。

8.6.1　战斗管理模块

战斗管理模块是游戏的特色所在，它提供给玩家一个自由组合对抗形式的通道。图 8.7 为《铁甲突击》战斗模式界面。在进入游戏之前，玩家可以设定本次游戏的关卡样式，选定战斗模式和关卡地图，设定红蓝双方坦克数量、坦克的使用方式，双方最大坦克数可以到 10 辆。设定完毕后，就可以开始对抗游戏，在二期版本中还计划加入导调身份的节点，可以在对抗过程中修改双方的兵力对比和坦克的技术性能，在网络负载允许的情况下临时加入 CGF 兵力，影响对抗的过程。

图 8.7 《铁甲突击》战斗模式界面

8.6.2 战斗控制模块

战斗控制是游戏的核心内容，其他一切剧情设定和功能设定都以此为基础和前提。战斗控制模块分为系统控制的部分和玩家控制的部分。

系统控制的部分，即除了玩家驾驶的坦克之外，战场上敌我双方的所有行动。这一部分采用 CGF（计算机自动生成兵力）手段实现。为了模拟出真实的战场，主要完成以下功能设计：对敌我双方使用的各种装备进行准确的数值建模，定义每种装备的威力、射程、命中率、机动性能等，如图 8.8 所示。

对战场上敌我双方可能采取的一切行动制定详细的规则，使战况发展合情合理、经得起推敲。

可以用虚拟兵力代替车长、炮长、驾驶员角色，或者代替单坦克角色完成机动、观察、射击、隐蔽等操作。

玩家控制的部分，即玩家对 99 式坦克的操控。这一部分的设计思路是最大限度地贴近 99 式坦克的内部构造和操作方法。玩家需要进行的操作主要包括：

（1）可使控制坦克前进、后退、转弯、停车。

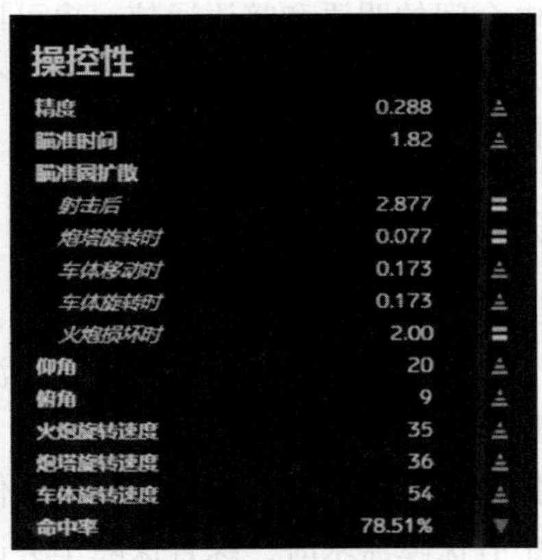

图 8.8　操控性数值建模指标

（2）可使实现加减挡及加减油门操作。

（3）可使用鼠标控制炮手观察镜以第一人称视角瞭望周围情况。

（4）可以第三人称的视角观察战场情况。

（5）可以使用鼠标旋转炮塔、俯仰火炮。

（6）可利用火炮瞄准镜瞄准目标。

（7）可以使用激光测距仪测量目标距离。

（8）可以使用弹道解算计算机辅助瞄准和射击。

（9）可以选择弹种，按下发射按钮进行射击。

（10）可以观察射击效果。

（11）可以模拟车内通话功能。

（12）可以使用快捷键开启团队语音通信功能，并可以通过常用短语或者语音进行车际聊天。

（13）可以在组队的玩家二维小地图上显示主叫者的位置及我方侦察到的敌车的位置。

上述操控界面可用热键切换。

8.6.3　网络通信模块

网络通信模块主要用来解决联网状态下车内人员之间及车际之间人员的通信联络问题，游戏内置网络通信模块，主要使用短语、语音、文字信息三种方式来进行通信，还会辅助以在坦克车顶配以有意义的指示符号的形式进行坦克间的通信。

短语主要使用组合快捷键发出，如 F1 键 + F1 键代表“向我靠近”，F1 键 + F2 键代表“机动到我左侧”，F1 键 + F3 键代表“机动到我右侧”等，语音主要用于模拟车内通话和电台间的明语和暗语通信，也可以使用文字信息进行沟通。通信的接收方可以是全体游戏中人员，也可以是一个地图中的人员，也可以是同组的玩家，也可以是指定的玩家。

8.6.4 装备保障模块

装备保障模块体现装备在游戏中的油料、弹药补给，作战过程中装备的抢修等环节，是游戏的一个重要组成部分。只有很好地在游戏中对坦克进行各种保障，才能发挥坦克的最大作战效能。

保障模块分为分队保障和个人保障两种形式，分队保障依靠综合保障车完成，当在分组对抗过程中有保障需求时，综合保障车会适时进行弹药及油料的保障，还会在装备受损时进行一定的维修保障。

个人保障分为游戏中保障和游戏后保障，游戏后保障是在个人仓库中进行的，点击“维护”按钮进入坦克维护界面（图 8.9），里面有维修坦克、补给弹药和物资的选项。

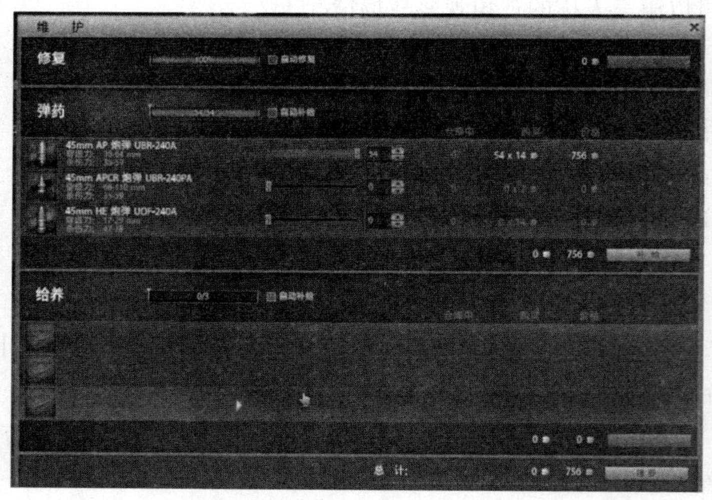

图 8.9 《铁甲突击》游戏维护界面

游戏中的保障则依靠随车所带的相关保障包（图 8.10），当战斗需要使用时，按相关的快捷键就可以使用保障包。当然，这些保障品是要用铁甲币换取的。

手动灭火器：战车着火时，按下相应的数字键进行使用，可以快速扑灭火焰，一次性物品。

小急救包：战车成员受伤或阵亡时，按下相应的数字键进行使用，可以使用进行救治，一次性物品。

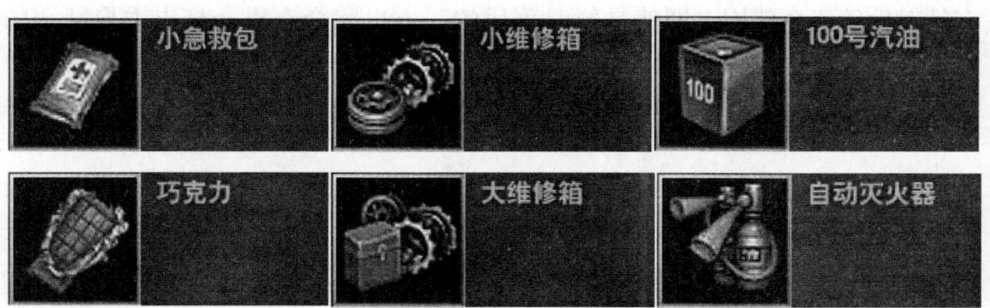

图 8.10 《铁甲突击》保障包相关选项

小维修箱：当战车设备损坏时，按下相应的数字键进行使用，可以快速修复战车受损部位，一次性物品。

汽油：提高发动机功率，持续性物品，战斗结束或战车战损后自动消耗，发动机功率提高意味着战车加速和转向更快更灵活。

食品或饮料：提高各相关的战车成员熟练度 10%。

大修理箱：铁甲币给养，若使用则修复全车配件，若携带可以提高战车在战斗中的维修速度。

自动灭火器：铁甲币给养，若战车失火会自动扑灭，若携带会降低战车着火概率。

8.6.5 装备改造模块

在游戏中，允许玩家根据作战需要更换战车的装备。游戏一开始每位玩家会得到一定数量的资金用于强化自己的战斗力，如何将有限的资金用于战斗力强化是玩家在战斗开始前必须慎重考虑的问题。装备系统提供给玩家接触各种新式装备、试验装备乃至概念装备的机会。战斗力强化包括但不限于以下内容。

车体强化：强化车辆的整体抗打击能力，但降低机动能力。

运动强化：强化车辆的速度、加速度、转弯半径和恶劣地形通过能力。

火炮强化：强化瞄准精度、锁定能力、火炮威力、加装炮射导弹等高级弹种。

侦察强化：强化在远距离发现敌人动向的能力。

加装部件：提供某些额外的功能，如紧急维修。

支援指令：得到友军反坦克步兵、炮兵和航空兵的有限支援。

分队的战斗表现将直接决定可以获得多少资金用于战斗力强化，在前一局中获胜的一方将得到更多的资金从而占据优势。但是，凭借优秀的战术素养和有针对性的资金使用，即使是暂时落后的一方也完全有机会打出力挽狂澜的一局。

8.6.6　荣誉激励模块

荣誉系统的设计目的是激发玩家兴趣和满足玩家成就感，并提供玩家对现实游戏装备升级改造、装备保障等的虚拟资金来源。目前初步构思了军衔、证章、勋章、特殊技能这四种荣誉和一种游戏货币——铁甲币。荣誉激励系统的详细设计应当依据《中国人民解放军政治工作条令》进行。

军衔：玩家作战功勋的表现，通过积累每次作战任务之后获得的功勋值来提升。

证章：玩家资历的表现，通过积累参战次数、战绩和精通某一领域的技能来获得。

勋章：通过完成高难度的关卡或者达成某些特殊条件来获得。

特殊技能：通过完成高难度的关卡或者达成某些特殊条件来获得，这些技能在提高坦克战斗技能、坦克技术性能上有附加值。

铁甲币：能过玩家在战场的通关次数和难容易程度获得，可用来进行装备外观个性化、装备性能升级、装备修理。

第9章

军事游戏模拟训练模式应用实践——以《战地2》军事游戏为例

军事游戏模拟训练模式应用实践工作是整个研究的重要环节，是完成对军事游戏模拟训练模式理论验证和评估，并通过评价结果形成反馈意见，促进模式发展的重要内容。国防科技大学依托“兵之道”军事创新基地作为实践平台，利用学校网络中心完善的局域网环境，组织本科学员开展军事模拟训练对抗大赛，并逐渐形成了较为完善的训练机制，取得了较好的训练效果，是对所构建的游戏模拟训练模式模型的很好实践。

9.1 模拟训练所选用的军事游戏介绍

在第1章所提到的五款经典军事游戏中，《战地》系列的影响力较为深远，无论从技术角度还是从选材角度，长期以来，它都是众多军事游戏最杰出的代表之一。特别是2010年所发布《战地：叛逆连队2》，是EA公司出品的《战地》系列游戏中的第9款，期间随着产品的更新换代，游戏各个方面得到了非常大的改进升级，是当前射击类游戏当之无愧的“头号风云人物”。现在呈现在大家眼前的《战地：叛逆连队2》是一款非常成熟稳定的产品，游戏玩家数量多、影响广，中央七套《军事新闻》栏目已多次报道我军基层部队利用军事游戏进行训练的事迹，而其所用游戏软件多是基于《战地：叛逆连队2》。

9.1.1 主要特点

《战地：叛逆连队2》游戏采用升级版寒霜1.5引擎，其主要卖点为大规模的载具和步兵在大地图上协同作战，实现了真实性和娱乐性的兼顾。其游戏的核心在于网络对战，同时也包含了单机模式，这对实施模拟对抗训练的实践而言，再合适不过了。游戏具有以下突出特点。

1. 载具多元、扩展性强

《战地》系列游戏作品都有多元化的载具，且支持武器装备和人物模组的扩展，支持各军兵种角色的导入。由于载具数量充足，超过 50% 的玩家在游戏中可以自由地使用装备。从空中飞机到海上舰艇，从轻型单人四轮车到重型装甲车，各种装具应有尽有。士兵配属齐全，士兵甚至还配备了降落伞。多数载人装备满足多名成员同时乘坐，甚至可以在其上面操作特殊武器。另外，游戏出版方为游戏提供了充足的模拟器，可以自由制作，为游戏提供了扩展空间。在《战地：叛逆连队 2》游戏中，大中型模组的种类达到了百余种。为了满足大多数玩家的需要，第三制作方在模组的设计上花费了大量的心思：新的武器、载具、地图；新的游戏细节、游戏中规则的改动等。通过一款小小的战地类游戏，玩家就能身临其境地感受到不同时代的战争、不同风格的战场环境。

2. 规模宏大、逼真度好

以《战地：叛逆连队 2》为例，其游戏地图的大小约为 $4hm^2$，大多场景设置在包含军事基地的小镇或开阔地。在一些第三方制作的模组中，地图面积甚至可达数平方千米，最多可支持 64 人同时在线对战，能够满足大型战地游戏训练对抗的需要。同时，由于采用升级版的寒霜引擎，游戏的画面效果和战场逼真度得到大幅度提升和改善，特别是支持全环境破坏效果的功能，使得游戏仿真度大大提高。在《战地：叛逆连队 2》里，场景中超过 90% 的物体都可以被武器所摧毁（包括树木、建筑）。值得一提的是，在通过计算机完美地诠释破坏效果时，玩家会发现系统仍然运行十分流畅，并不占用太多的系统内存资源。建筑物根据遭受武器的攻击情况，甚至会被彻底摧毁，整楼坍塌；一些小物体也可以被炸得更碎；在游戏中射击、对抗，与现实中的破坏效果几近一致，游戏逼真度极好。

3. 兵种丰富、注重协作

《战地：叛逆连队 2》游戏的角色完全仿用美军的现行编制进行构造，所覆盖的军兵种丰富。在《战地：叛逆连队 2》中一共有 7 个兵种可供选择，游戏玩家可以选择不同的兵种。按照配备的武器装备以及执行任务的不同，能够对兵种进行一定的划分。突击兵类主要是为了提供主力攻击或主要火力；支援兵类则是定位协同作战，提供一定的医疗、弹药、维修服务；侦察兵类是为了提供敌后与前线的信息。

《战地：叛逆连队 2》游戏还非常注重体现美军联合作战的思想，很重视团队之间的协作与协同。游戏引入了小队系统，其作用为对其管辖范围下的队员下达指令，小队员牺牲后能够在其周围范围内复活。不仅具有小队系统，《战地：叛逆连队 2》中还引入了指挥官系统，小队工作的部署、向各个小队提供各类情报以及支援都是指挥官的工作范畴。此外，在互联网上经过中国玩家改装的中国解放军（PLA）模组，则引入了类同中国军队的编制方法来编制游戏角色。在游戏中你既可以担当从士兵到将军不等的角色，也可以感受作为中国军人的成长过程，也可以体会中国军队执行联合作战任务的训练过程。

9.1.2 选用理由

通过典型军事游戏的介绍和软件及训练功能的比较，我们知道类似于《战地：叛逆连队 2》的同类游戏还有功能和特效更加强大的《武装突袭 2》，但是为什么没有选择《武装突袭 2》而选择了《战地：叛逆连队 2》，主要是基于以下几点考虑：

1. 主机配置要求低

相比较《武装突袭 2》要求 4GB 内存，1GB + 独立显存的发烧级配置而言，《战地：叛逆连队 2》的主机最低配置要求会更低，适用于普通玩家。该款游戏对游戏的特效渲染等做了许多精简和优化，使得即使是主流配置的机器也可以轻松带得动《战地：叛逆连队 2》，这对采用受训尝试的军校学员而言，无疑具有极大地可操作性。学员普遍使用自购的笔记本，配置与高端台式机性能有较大差距，游戏配置要求不高显然可以吸引更多的学员玩家，也更加符合游戏训练实践的现实考虑。

2. 学员认知度广

《战地》系列相比《武装突袭》系列上市时间长，接触玩家多，且游戏难度适中，经过前后共 9 款产品的陆续改进，为广大《战地》玩家提供了更多的新颖元素，不断地吸收更多玩家加入到游戏队伍。经预先调查研究，《战地》游戏在我校学员游戏玩家中所占的比例约为 15%，而《武装突袭》玩家在我校学员玩家中所占的比例不超过 5%。《战地》玩家数量丰富，显然对于开展游戏模拟训练的前期实践研究更加有利。因此教员就不需花更多的时间用于培训学员适应新种游戏，而且由学员自主发展起来的玩家群体更加具有自发性和活力，可接收的反馈样本和信息也更加丰富。

3. 第三方插件模组丰富

编制军事游戏的模组和任务是一件技术复杂、工作量巨大的工作，游戏第三方插件模组的丰富，无疑为实施游戏训练实践，提供了有效的技术支撑。由于《战地》系列游戏的发展已有相当长的时间历程，玩家数量庞大，相较其他同类游戏而言，其自发成立的游戏技术论坛和第三方开发小组比较多，互联网上共享的第三方武器装备和人物模组丰富多样，特别是适用我军模拟训练实施的 PLA 模组丰富，这对于课题组在此基础上完成对模组的改造，编制适应课题需要的训练任务，提供了极大的方便。

4. 有组织游戏对抗大赛的经验

组织对抗训练实践所依靠的学员是学校“兵之道”本科生军事创新基地，该基地是在军事基础教育系的指导下开展工作的学员自发成立的学术活动组织。“兵之道”自 2004 年成立以来，已相继组织过 3 次游戏模拟对抗大赛，所选用的军事游戏分别为《CS》《JTF》（联合特遣部队）《战地 2》（2010 年 3 月举行），因此，比赛组委会组织的游戏大赛实践经验，为游戏模拟训练的实施，提供了很好的组织基础及参考。由于“兵之道”在前期开展《战地 2》游戏对抗大赛过程中已经做了大量工作，因此课题组成员可以节省很多时间，这也是选用《战地》系列游戏作为模拟训练实践的重要原因。

9.2 军事游戏模拟训练实施

军事游戏模拟训练是基于对抗和合作的军事训练模式，依据军事游戏模拟训练模式模型的构建，把整个训练过程分为了训练准备、训练实施、训后总结三个具体实施阶段。在整个训练实施的过程中，游戏组委会充分发动和依靠了学员自身力量，锻炼其自我组织、协调能力，顺利完成了训练实践，达到了预期目的。

9.2.1 训练准备

训前准备的充分性是训练顺利实施的重要保障。“兵之道”在训前主要完成了训练计划的制定，参训对象的确定，完成训练环境布置和条件保障等主要准备工作。

1. 制定训练计划

确定训练时间：×××年×××月×××日。

划分训练阶段：主要划分为×个训练阶段。

确定训练组织机构：由课题组教员和“兵之道”网络对抗学术小组成员共同组成，教员充当教练员，导演部机构成员由网络对抗学术小组人员担任。

确定训练形式和内容：通过开展实施单课目训练、对抗训练和对抗大赛演练，锻炼提升学员的单兵基本技能，培养提高学员的联合战役战术意识，以及组织指挥与协调能力的训练。

为通过最终的对抗大赛进一步检验训练效果，提高游戏训练能力，“兵之道”专门成立比赛组委会，承担学员平时培训组织，确定比赛规则、赛制、规模、组织形式等具体工作。

2. 选定参训对象

根据模拟训练软件的使用要求，结合学员实际，确定参训对象的原则。

（1）选用合适的年级组。根据当前学员的情况，大学一年级、二年级学生学习训练负担重，计算机数量少，军事基础知识不够，四年级学员面临毕业，毕业工作繁重，无心参与。因此受训对象主要选用三年级的学员。

（2）有充足的课余时间以及基础的游戏常识。要求参训学员不仅有充足可支配的课余时间，还要爱好军事游戏，这样有相同爱好和条件的同学就能够共同组成固定团队。优先选用之前接触过《战地：叛逆连队 2》的学员游戏玩家，对于技术较好的高手，鼓励积极加入到训练团队。

（3）有良好的个人素质。要求受训人员具备过硬的军事基本素质，个人综合素质较好，具备一定的战术素养，具有一定的组织指挥能力，有很好的团队协作精神，优先选用担任过学员连骨干的游戏玩家。

3. 准备训练条件

（1）训练场地的准备。主要利用学校信息中心的四楼机房进行集中训练，个人训练可利用平时队里课余时间在学员队实施，在组织对抗大赛训练时，可以协调风雨操场音乐厅作为主会场。

（2）硬件条件的准备。“兵之道”选用《战地：叛逆连队 2》作为游戏训练对抗平台，选用 20 对 20 的对抗训练机制实施。在集中进行对抗训练时，使用学校机房的计算机和网络设备作为硬件保障。在组织对抗大赛训练时，协调使用 2 台 24 口交换机，40 台笔记本构建对战训练的基本硬件环境。

（3）软件条件准备。安装调试游戏软件，并组织“兵之道”人员对游戏源代码作了一定修改，可以使之更加适合军事训练，使其更加贴近战场实际。例如，严格限制双方的火力配置，修改各种武器参数，延长各类载具的刷新时间等软件修改措施。这些都最大程度地减小了军事游戏由其本身所具备的娱乐性而带来的不真实性。组织机构通过反复调试程序的各项参数，使得整个模拟对抗过程能够尽可能贴近战场实际。

（4）战场氛围的准备。由于条件有限，场地布置充分利用了各种有利的多媒体设施条件，尽可能地创设紧张逼真的战场环境。在机房集中训练时，通过悬挂迷彩伪装网、张贴战场贴图，播放战场音乐，尽求营造战场氛围。在音乐厅举行对抗大赛训练时，组委会主要是在大赛时使用伪装网布置现场，设置了双方指挥所，通过投影设备模拟战场环境，印刷了袖标等，较好地烘托了战场氛围。

9.2.2 训练实施

本次训练实施主要侧重于对游戏可训练具体课目展开演练，并通过以游戏为平台展开对抗性训练，达到熟悉游戏任务和游戏操控，培养基本技能的目的。

1. 具体课目训练

按照军事游戏的具体可训练课目，采用游戏对抗训练的方式，由受训人员扮演游戏训练角色，开展课目内容的训练。“比赛组委会”针对《战地：叛逆连队2》游戏训练的功能特点，主要开展以下分课目的内容训练。

课目一，射击课目训练。双方按照编制班组成战斗排，在导演部指定的训练场景展开遭遇战。双方受训人员按照在战斗班中分别担任的不同战斗角色，利用所持武器，在双方距离500m范围内展开对抗射击训练。

课目二，战术机动训练。按照红蓝双方编组，导演部指定障碍物较多的训练场景，要求双方在距离1km范围内，实施利用障碍物开展步兵战术机动的训练。包括匍匐前进，各种战斗中据枪射击动作，以及对各种障碍物的接近及利用方法。

课目三，协同战斗训练。主要是步坦协同作战，双方各指定4名人员充当驾驶员（副驾驶员），其余受训人员按步兵班建制充当战斗人员。双方在导演部设定的战斗场景相对开进，展开遭遇战。要求步兵距坦克25~40m，遇敌火力点利用坦克作为己方掩护，并进行对抗射击。

课目四，指挥协同训练。在以上训练课目中，利用游戏提供的命令交互功能和语音通信功能，在指挥员与其他受训人员之间展开通信指挥，协同各角色之间的行动，磨炼配合，训练整体战斗能力的提高。通过这些课目的训练，可以有效加深学员对基本战场环境的了解，熟悉对游戏训练的软件操控，便于紧密结合战场环境，增强实战观念。例如在平时教学中，战斗条令中的诸多训练内容，往往受限于条件的制约，无法在现实中对各种训练环境充分模拟。例如，步兵打坦克的战术动作，假如没有坦克火力对步兵的威胁和压制，只是按条令照搬动作，不会获得实际的训练效果。而游戏的单课目训练恰好能有效地解决这一问题，学员可使用单兵反坦克导弹、炸药，巧妙利用地形，对确实“存在”的坦克实施攻击。真实地模拟战场环境，正是游戏训练的一大优势所在。

2. 平台对抗训练

平台对抗训练主要以排级规模对抗为主要训练方式，参训双方扮演不同的角色，在我们创设的战斗背景下完成不同的作战任务及要求。既有登陆与抗登陆作战、山地进攻防御作战，又有斩首行动、营救人质等多种作战样式。双方在参与战斗的过程中，首先召开作战会议并进行战术标图，待指挥官下达作战命令后再上机进行对抗，完成预定的作战任务。在这个过程中，参训人员不论是战斗指挥能力、协同能力，还是战术素养、临机处置能力都能得到极大的锻炼和提高。

在实施对抗过程中，参训人员各指定一名为指挥官，通过游戏中的指挥官界面对各分队进行指挥。二十余名参战人员分为若干小组，分别指挥搭乘坦克、步战车的机械化分队，搭载运输直升机的机降分队，以及遂行敌后破袭任务的特战分队，实行作战行动。战斗展开后，进攻方参战人员在坦克装甲车的掩护下对敌阵地实施打击，并派出特战分队机降敌后、摧毁敌无人机接收站或雷达站，使敌指挥官丧失战场侦察手段；防守方或设置反坦克地域，埋设反坦克地雷，集中使用反坦克火器，摧毁敌装甲车辆，或派出狙击手占据有利地势空间，对敌步兵实施狙击。

通过对抗训练，双方参战人员都能较好地服从训练游戏规则，均表示通过每一次的训练，都能较好增进自身对军兵种知识、武器装备运用，以及战役战术思维的学习，而这些知识平时在课本上很难学习到，也是紧密贴近军人作战使命的知识，对于培养个人战争意识，提高军事技能，能起到积极的作用。

3. 对抗大赛演练

为了更好地探索和研究军事游戏模拟训练模式，在开展具体课目训练和军事模拟对抗大赛的课目设计上，比赛组委会立足于军事训练主题，在组训过程中还组织了游戏训练对抗大赛，进一步深化体现游戏训练的价值。对抗大赛设初赛、决赛，初赛共 8 支代表队，每队 20 人，决赛由最终胜出的两支代表队。参加军事模拟对抗大赛的参赛人员以大三学员为主，他们在比赛前均已由教员进行过专业指导训练，并且利用课余时间自发组织进行了团队配合训练，初步形成了默契。根据相应的作战任务，大赛组委会选择相应的地图地形、作战要素以及双方的兵力编成等内容来完成整个游戏中对抗课目与环境的设计。在完成课目设计后，明确具体比赛流程：

受领任务→定下战斗决心→下达作战命令→战前动员→进行战斗→战后总结

（1）确定对抗方。比赛前首先通过抽签决定比赛所采用的地图，然后参赛队指挥官选择硬币正反面决定比赛中代表的对抗双方。

（2）受领任务。指挥官下口令将己方队伍带入机房指定指挥所，现场由总导演对比赛地图所对应的战斗想定进行介绍说明，并下达作战任务。

（3）定下战斗决心。总导演下达作战任务后，双方参赛指挥官同时带领各自小组长商讨作战方针，拟定处置方案（文字记录），并对桌上的地图进行战术标图，然后指挥官向队员下达作战命令和要求，以上行动时间为20min。

（4）宣布比赛开始。命令和要求下达后，指挥官下达“行动!”口令，参赛队员立即到计算机旁就座，在赛事组委会有关人员把战术想定的场景设定好后，总导演正式下达比赛开始的命令。

（5）开始战斗。参赛选手按照战斗想定的相关要求对抗，并依据指挥官的战术进行战斗。比赛采取三局两胜制模式，参赛队比赛选定的代表国家不能改变，第一局的战术制定时间为2min，第二局为10min，第三局为5min。在规定无法重生的战术想定里，比赛中阵亡的参赛选手立刻离开计算机位置，进入休息区就座。

（6）战斗过程中的导调裁决。导演部根据双方战斗情况，分别进行临时导调。宣读突发情况，要求各方指挥员及战斗人员及时做出突发情况的处置。突发情况包括限定战斗进攻方向、突然宣布其中一名战斗人员死亡等。导演部对双方处置情况进行裁决。

（7）比赛结束。在比赛约定的时间结束时，由赛事组委会宣布战斗结束，双方停止战斗。由导演部根据双方战斗伤亡情况和任务完成情况进行最终裁决。宣读比赛成绩，参赛指挥官在比赛结果上签字。

9.2.3 训后总结

在进行完对抗决赛后，由总导演根据双方对抗各方面的具体情况进行全面总结，对大赛组织、会场纪律、双方带出入情况、对抗比赛结果等进行讲评，商议形成结论，对表现突出的个人和胜出的参赛队进行表扬，颁发大赛奖品，最终宣布对抗大赛结束。

9.3 军事游戏模拟训练反馈和模式改进建议

通过开展的对抗训练实践，比赛组委会在赛后认真地作了总结和分析，对游戏训练的效果进行了广泛的意见收集。从反馈的意见上看，学员普遍认可这种训练方式，观看的干部普遍认为这是一种新颖、有效的训练方式，并就进一步改进训练模式提出了一些可贵的意见和建议。

9.3.1 训练意见反馈

双方参战人员都以极强的敌情观念，能够巧妙进行人员分组、有效配置火力，制订周详的作战计划，使整个游戏对抗过程中军事训练意味更浓。在这个过程中，参训人员不论是战斗指挥能力、协同能力，还是战术素养、临机处置能力都得到了极大的锻炼和提高。赛后学员反映，参与到对抗中感受到了紧张的氛围，获得了另一种形式的实战经验，对此次对抗训练评价较高。我们认为这是对游戏训练的一次极有意的尝试。

在接受训练后的反馈意见中，也有不少学员提到了军事游戏本身的不少问题。例如，单靠鼠标键盘很难找到真实作战的感觉，尤其是不少载具的驾驶采用键盘鼠标并不容易控制；战斗场景的逼真度还不够高；战斗组织不容易控制等。这些反馈意见都是围绕着军事游戏软件的设计和使用而提出的。这些都对我军下一步军事游戏模拟训练如何开展提供了很多有利的启示。

9.3.2 模式改进建议

通过这几届的模拟对抗大赛，“兵之道”在军事游戏模拟训练模式上进行了大量的探索和研究，既发现了军事游戏本身需要改进的内容，也发现了很多在开展军事游戏模拟训练过程中需要重点关注的内容，同时为下一步改进训练模式提供了不少有益的建议。

第一，在运用军事游戏进行训练之前，学员必须学习一定的军事理论，具备一定的战术基础知识。由于目前我们在模拟训练中主要采用班排级别的对抗，这就需要学员首先对于班排级别的战术基础知识有一定的了解，可以通过开设相应的理论课程或者课外辅导，使得学员初步掌握相关的战术基础知识。这样，在模拟训练过程中才能有更好的训练效果。

第二，在今后的模拟训练中，应成立专门的军事游戏兴趣小组，由战术教员对我军战斗条令规定的班排战术进行授课后，再通过游戏探索出一条模拟训练的途径。兴趣小组的学员可以借助实验室优良的硬件条件，先熟悉游戏的基本操作，再依照条令在不同的地形环境下完成班一级或排一级的合练，最后再展开基于一定战术背景的军事对抗训练。

第三，采用更为逼真的模拟训练环境。其实当前的模拟训练环境仍然过于简单，主要依靠键盘、鼠标的方式来进行交互和操作，这些交互方式通常使得学员难以沉浸于模拟训练当中。在今后可以适当采购一些更为先进高级的交互设备或者模拟设备，使得整个模拟训练环境更加逼真。

第四，采用更好的模拟训练游戏。当前训练中采用的模拟训练游戏主要是一些商用的军事游戏软件，这些游戏软件无论是从逼真度还是军事性上都与真正的军事训练有一定程度的差距，因此，未来在模拟训练游戏软件的开发上仍然需要从我们自己的需求出发来考虑适合我们的军事游戏软件。我们将尽量选用高仿真度的军事游戏作为训练软件，如《战地 3》《武装突袭 3》的解放军版军事游戏软件，或者南京军区开发的《光荣使命》游戏是我军根据自身训练需要开发的第一款拥有核心技术的游戏软件，这些都可以作为改进训练模式的重要软件支撑。

第五，深化单兵训练内容。当前的模拟训练中主要依托的是基于对抗的方式，这种方式在班排战术训练上是有效的，但是对于单兵的战术动作的学习与训练还缺乏相应的内容，因此，在下一步的研究中需要考虑如何加入全新编制的适合单兵训练的任务模组，进行相应的单兵战术训练内容的深化。

总的来说，这些军事游戏模拟训练的实践，是我们对于所构建的军事游戏模拟训练理论模型进行的大胆实践尝试。通过这些实践，拓展了游戏训练的效果，丰富了游戏训练的内容，完善了游戏训练的理论，这为我军今后开展军事游戏模拟训练和教学实践研究，打下了非常坚实的基础。

第10章

军事游戏模拟训练创新发展的对策思考

10.1 游戏化学习

在2013年美国培训与开发协会座谈会上，教学设计师介绍了“学习游戏化”的概念。如果学习游戏化是值得探索的领域，那么你可能正在着手你的第一次游戏设计尝试。当你已经有了游戏的初步设想或知道如何把游戏机制与学习积极性相结合，那么你还需要什么才能让游戏成功？你应该遵循什么游戏设计原则？以下是教学设计师的建议。

1. 合理利用反馈机制

为了达到良好的学习效果，必须给予多种形式的、频繁的反馈。在EA Sports游戏中，玩家每1~2s就要做一次决定，每7~10s得到一次反馈。为了保持流状态，让玩家始终知道自己的行为对结果有影响是非常重要的。流状态是为什么游戏化学习比非游戏化学习更能调动积极性的主要原因之一。

游戏一开始就要建立帮助玩家学习游戏的运作和进展方式的反馈机制。许多电子游戏也是这么做的。为了学习游戏的规则和控制自己的动作，游戏要先让玩有了解简单的情况。当玩家获得足够多的反馈，真正了解游戏的基本原理后，就可以让他们进入游戏的下一关了。

在给予反馈时，另一个要点是，要让反馈具有更明显的“结果性”。也就是，反馈形式本身要与导致它产生的条件或行为有关联。以安全培训为例：在安全问答时，当玩家回答错误时，不是简单地给玩家口头或文本反馈如“回答错误”，而是由设备发出很响亮的“BOOM!!”声。这种反馈形式与目标学习对象和环境具有紧密的联系。

2. 用兴趣维持注意力

当教学设计师问道：“你对某事物的注意力可以维持多长时间?”与会者都很谨慎，没有给出很大的数字。考虑到我们自己的上学经历和培训师在“表现技能”训练中告诉我们的东西，我们知道人类的注意力不可能维持太长时间，所以我们的回答是“大约 10min 吧。”教学设计师却否定道：“但事实并非如此。有些人可以在电影院里把《指环王》三部曲一次性看到完。”真相是，如果你给予玩家/学习者/观众他们想要的东西，他们的注意力就会持续。在我看来，以下三个做法是有效的：

（1）以开放循环作为开头，刺激他们产生兴趣。

（2）保证他们确实得到三个最重要的问题的答案。

（3）保证玩家（容易）学习游戏的结构奖励应该即时且有意义。

游戏化学习中的奖励方式。在许多训练中，参与者并没有意识到“他们这么做是为了什么”，直到训练过程进入尾声。在学习或游戏中，参考者通常直到活动的结尾甚至结束后才得到学习或游戏表现的奖励（反馈或其他奖品）。但心理学和日常生活中的许多例子均表明，人们更加关注立即的奖励，更不是更迟出现的奖励。吸烟者就是一个好例子：他们选择不健康的即刻嗜好而不是长远的健康。这个基本原则的一个例外是，如果奖励非常丰富，我们就会乐意等待（等待的时间越长，奖励就应该越大）。所以，除非奖励非常可观，否则游戏中的奖励应该尽早出现。另外，奖励应该对学习者有意义。随机徽章、积分和奖项并不能长久地提高玩家在游戏中的表现。教学设计师举了个例子：在数学课上，如果能够把问题和例子与学习者的生活联系起来，参与者学习数学的内在奖励就会更大。又如，对于进修数学的未来创业者，不要使用任意的数学游戏，而要根据成功经营商业的想法来设计数学游戏。教学设计师展示了一个为呼叫中心的人设计的简单游戏。这些人需要记住不能泄露敏感信息给竞争者，否则后者可能会假装成他们的客户。为了达到训练目的，他们要玩一个游戏：屏幕上浮动着不同的图标，他们要射中竞争对手的图标。尽管乍一听似乎不错（强化竞争对手是“糟糕”的印象），但教学设计师指出这个游戏在如下层面上说是失败的：

（1）在现实中，呼叫员在呼叫时并不会看到竞争对手的图标。这个游戏与他们应该注意（或听）的实际行为没有关系。

（2）大多数呼叫员在工作中不需要使用枪。赢得游戏的行为与现实生活的行为没有关系。

（3）游戏行为太过激进，可能刺激呼叫员粗暴对待任何他们在工作中遇到的竞争者。

游戏化学习就是采用游戏化的方式进行学习，主要包括数字化游戏和游戏活动两类。教师利用游戏向学习者传递特定的知识和信息。教师根据学习者对游戏的天生爱好心理和对新鲜的互动媒体的好奇心，将游戏作为与学习者沟通的平台，使信息传递的过程更加生动，从而脱离传统的单向说教模式，将互动元素引入到沟通环节中，让学习者在轻松、愉快、积极的环境下进行学习，真正实现以人为本，尊重人性的教育，重视培养学生的主体性和创造性，有利于培养学生的多元智力素质。

游戏化可以起到什么作用呢？

第一，游戏化可以将这个思考方向转化成了一个简单的行为，比如，在职场游戏中，经理的职能就是，防止你的员工被交换，那么在游戏中你采取了这个行动，就代表你在当下的环境中已经考虑到或者感受到了风险。

第二，游戏化能够快速地显示学习的结果，在技能或者思考、情感转化成行为之后，相应的结果也就出现了。当结果出现的时候，从另一方面也可以说明，你的行为是不是需要或者是正确的，是以结果为导向的快速学习方式。当然，不同的游戏化设计会有不一样的体感。

总的来说，游戏化可以把思考、情感等表达出来，方便大家的体验和感受、记忆，同时以结果为导向进行学习的一种手段。

在古训“业精于勤，荒于嬉”的影响下，人们夸大了游戏与学习的独立性和对立性，造成课堂教学枯燥单调。有人认为，“从一定意义上说，教学活动中游戏状态的缺乏是造成教师厌教和学生厌学的一个主要原因。游戏的精神应该渗透到教育活动的方方面面。”因此，将游戏形式和游戏精神融入课堂教学中的“游戏化教学”是提高课堂教学有效性的手段之一。

席勒说：“只有当人是完全意义的人的时候，他才游戏；只有当人游戏时，他才完全是人。”一切有意义的教育，其动力都来自儿童自发的活动、游戏和模仿。游戏化教学就是以游戏作为课堂教学的组织形式，把达成教学目标的教学内容贯穿在其中的教学。与生活中的“游戏”相比，教学活动中的“游戏”更加强调有组织、有目的、有计划、有任务，二者都注重激发参与兴趣和挑战自我的欲望，都注重合作学习，都注重活动体验。

课堂教学游戏化，一方面可以“寓教于乐”，追求教育内容与游戏要素之间的有机融合，实现“游戏”即“学习”，“学习”即“游戏”；另一方面，利用游戏的竞争性和挑战性，可以实现有意义学习，激发学习动机，提高学习效率。课堂教学游戏化，使施教者更加关注受教者的人性，更加关注教学情境，更加注重教学形式的多样化和整合性。游戏化教学具有生活化的本质，例如，作为和生活密切相关的电视广告词，也可用于课堂教学中。“钻石恒久远，一颗永流传”可被用作解释碳的稳定性。

课堂教学游戏化不仅仅是设置“教育游戏”，关键在于“游戏精神”融入其中，它有多种表现形式。①游戏化的语言表述，如“秒杀”“你懂的”“升级版”等；②游戏化的活动形式，如《最强大脑》《中国好声音》《科考队》《挑战过关》等；③游戏化的教学情境，如宽松、自由、民主等；④游戏化的教学内容，如福尔摩斯破案中所用的化学知识等。强调课堂教学游戏化本质是

"做中学"，凸显教学手段趣味化，教学内容生动化，教学氛围轻松化。

有人误认为游戏化教学主要是在幼儿园和小学。其实，初中生和高中生并不排斥游戏，并不会认为游戏是"小儿科"，只是他们对游戏的挑战性和深刻性要求更高些。有一位老师在上七年级地理"极地地区"时，采用迷你科学考察的形式，把全班学生分成5个科考队，让同学们思考、讨论、研究并回答极地科考的8个核心问题，既让学生学会运用地图了解两极地区的位置和范围，以及南北极特殊的自然环境，同时也让学生明白在两极地区开展科学考察和环境保护的重要性，把新课程提倡的"三维目标"和"三大学习方式"很好地运用到教学实践中去。

有人误认为，游戏化教学主要体现在信息技术、美术、体育等非考试科目，而像语数外这些中、高考科目，由于教学任务繁重而无暇采用游戏化教学。其实，游戏化教学的核心理念是追求趣味性和生活性，关注学生学习体验，尊重学生个性差异，而不仅仅是其是否运用游戏这样的外在形式。另一位老师上数学"因式分解"时，为激发学生对因式分解的学习兴趣，他借鉴《最强大脑》节目形式激发学生研究兴趣，采用"连连看"形式进行巩固训练，采用"智勇大冲关"的形式来检测学生掌握情况。另外，在初中化学"垃圾"的选修课教学中，可以采用Flash动画"垃圾分类游戏"，检测学生能否对垃圾分类。在高中化学"元素周期表"的教学过程中，可用记录有不同元素原子结构和性质的游戏卡片，让学生重温门捷列夫的发现历程，探究元素周期表的排列规律。

总之，教学游戏化是试图将教育回归到人发展的自然形态，要求我们根据受教者的学习规律来设计我们的教学活动，而不是简单盲目地运用游戏。亚里士多德认为，"理性是人类的本性，理性的沉思能带给人们最大的幸福"，强调课堂教学游戏化并不排斥深刻思维和研究的严肃性，反而是反对"为了游戏而游戏"的形式主义。"习之于嬉"的游戏化教学要避免走向另一个误区，即必须有游戏才能学习，游戏才能使学习"有趣""轻松"，从而动不动就来角色扮演、情景剧、小组竞赛等。采用生活化的语言本质上是从教学风格上考虑的，不能为了哗众取宠而盲目采用，必须与教学情境和教学内容紧密联系，否则就容易误入无厘头纯搞笑的怪圈，不但不能起到增进学习兴趣的效果，反而分散学生注意力。所以，老师们要把握好游戏教学的分寸，处理好"教育性"与"游戏性"的平衡。

10.2 军事游戏模拟训练创新发展的对策思考

在我国未来的军事游戏发展道路上，必须用战略的眼光去认真对待军事游戏，不能再将其限定在简单的“游戏”范畴。随着信息化技术的发展，军事游戏必将成为促进军队战斗力生成的强大动力，也必将成为军事文化建设的内容。当今世界，军队软实力已成为衡量军队战斗力的重要因素，西方各国都在大力发展军事游戏并广泛实施军事游戏模拟训练。因此，发展我军特色的军事游戏并开展军事游戏模拟训练的任务艰巨又迫切，需要各方的积极配合与支持。

1. 坚持多条腿走路的军事游戏创新发展模式

随着计算机技术的飞速发展，计算机游戏设计领域涌现出一大批优秀的人才和创新团队，他们掌握了计算机游戏设计的前沿知识，这为我军开创军事游戏发展的新局面提供了强大的人才队伍。立足我军目前的发展实际，结合军事游戏的特点和规律，我军可以充分利用军内外各方面的资源，形成多路并进的发展模式。

1）充分集中军内技术力量

我军军事游戏的发展起步较晚，技术力量薄弱，相关军事理论匮乏。由于受西方发达国家的技术封锁以及高技术人才的不足，导致我军目前尚未形成有效的研发模式。根据我军现状，必须充分集中我军科研院校和科研机构的技术和人才优势，建立创新团队，在涉及军事游戏研发以及军事游戏模拟训练的诸多学科中，培养高精尖的专业人才。此外，在野战部队广泛开展军事游戏模拟训练，摸索出军事游戏模拟训练的有效方法，创新训练模式，培养一批能够熟练运用军事游戏展开训练的一线指挥人才。

2）在军队组织和主导下，吸收社会力量参加

军事游戏模拟训练是依托军事游戏开展的一项信息化条件下的军事训练，它对计算机技术、软件编程技术、仿真技术等一些高精尖技术的要求非常高，仅靠我军现有的工程技术人才，难以满足我军大范围开展军事游戏模拟训练的需要。必须探索军地联合开发模式，积极吸收地方优秀的工程技术人员从事现代军事游戏的研发，特招一批优秀的地方毕业生从事相关专业领域的研究，组建研发团队，攻克技术难关。同时鼓励地方的一些游戏公司，硬件商从事开发尖端的军事游戏和先进的仿真器材设备。军队也可以设立专项资金，用于奖励在军事游戏研发和军事游戏模拟训练研究方面有突出贡献的人和集体。

3）依靠社会上资质可靠的技术单位

海湾战争爆发前，美军用 RDA 公司开发的军团战斗作战计算机模拟系统，对地面作战行动计划进行了模拟分析，获得了“100 小时战争”的作战方案。与此同时，美国一家仿真公司提供了图形评价系统，准确地预测出伊拉克将把主力部队用以防御对科威特的攻击。由此可以看出，地方的一些拥有前沿技术的游戏公司，硬件商可以利用他们手中的技术对战争进行模拟，从而使军队在

开战前获得宝贵的资料和数据。根据国外的经验，我军也可以设立专项资金，扶持社会上一些拥有相关技术的游戏公司、硬件商，专门从事相关军事游戏的研究，从而打造一条由游戏公司、军事科研专家和基层官兵共同合作的联合研发道路。

2. 将军事游戏模拟训练纳入军事训练的整体规划

现代的战争，如果哪一方能在开战前就对战场实现高度的仿真，那么他就占领了先机，正如孙子所说："凡先处战地而待敌者佚，后处战地而趋战者劳。"军事游戏正是因其能够高度的模拟战场而被各国军队所青睐。因此，设计出能够高度模拟战场的军事游戏，开展贴近实战的军事游戏模拟训练，是一项关系全军的重要工作。要充分做好这项工作，就需要将军事游戏模拟训练纳入军事训练的整体规划中。这样，才能充分发挥军事游戏模拟训练的效果，提高部队对战场的感知能力。

1）增强硬件支持

众所周知，军事游戏模拟训练对硬件的要求非常高，没有强大的硬件支持，就谈不上运行军事游戏，也就谈不上训练。这里所说的硬件，不仅仅是支持游戏运行的计算机，还包括一系列仿真设备、场地配置等。只有充分保障了这些硬件条件，才能够发挥军事游戏模拟训练的高效性和逼真性。同时，军事游戏模拟训练的组织和实施也离不开信息网络的支持。为提高我军在信息系统体系下的作战能力，需要大力建设互联、互通的网络训练平台，建设统一的军事模拟训练网，将情报搜集、指挥作战、打击目标和物资保障四条线路连贯起来，灵活应用，使不同的作战要素得以联结、融合。这将极大提高我军战斗力，使各军兵种在营区就能够组网接入训练平台，展开跨单位、跨区的联合演练。

2）加大软件开发力度

硬件和软件是计算机技术的两大核心，如果将硬件比作计算机的肉体，那么软件就是计算机的灵魂，只有强大的硬件而软件过于低级，则是对资源的浪费。因此在拥有强大硬件的基础上，必须加大开发软件的力度，设计出符合我军需求的，拥有我军特色的专业军事游戏。例如，针对我军目前现有的坦克、飞机、导弹、航空母舰等武器装备，设计几款符合这些装备特点的军事训练游戏，辅助展开训练。在专业的游戏软件辅助下，我军训练将更具备针对性，战斗力生成的效率将会大大增加。

3）建立完善的管理体制

在创新军事游戏模拟训练模式的过程中，需要建立一套完善的组织管理体制。只有具备一种高效、精干的组织管理体制，将创新军事游戏训练模式作为一项重要任务纳入统一规划，才能够引起各军兵种部门的广泛关注，最终确定其在军事训练中的重要地位。在统一领导、科学管理的体制下，能够实现创新资源的合理分配，高效利用。因此，应该在军队建设的年度训练计划、中长期训练纲要等整体性训练筹划中，对创新军事游戏模拟训练模式的组织领导、目标任务、标准要求、经费保障等做出具体规定，并采取相应有效的措施落实到位，抓好监督审查。

3. 培养一支开展军事游戏模拟训练的技术队伍

当今世界激烈的国际竞争，说到底是人才的竞争。能否培养出关键领域的拔尖人才，吸纳全球优秀的创新人才，壮大我国的人才队伍，是决定我国未来发展成败的至关重要的因素之一。开展军事游戏模拟训练，人才是基础。要把培养人才队伍作为发展军事游戏模拟训练的基础性工作来抓，培养出一批在软件研发、组织管理、战略研究、实战应用方面拔尖的人才。

1）培养软件研发的专业技术人才

根据联合国教科文组织 1996 年的统计，直接或间接为美军服务的科学技术人员占全美科技人员总数的 82%。我国在这方面与美国存在明显的差距。军事游戏模拟训练需要军事游戏软件技术的支撑，没有一款兼容性好，仿真程度高，运行流畅的军事游戏，军事游戏模拟训练无从谈起。因而发展军事游戏模拟训练，创新军事游戏模拟训练模式，必须培养一批软件研发方面的专业技术人才，建立一支软件研发创新团队，掌握研发高水平军事游戏的核心技术。

用于训练的军事游戏软件必须符合我军的特色，作战样式和作战思想必须符合我军的特点，这就要求软件研发人员具备深厚的军事功底，熟悉我军的历史和特色。因而在人才培养方面，必须加入一定军事科目的教学，使其对我军的特点有一定的认知。在组建研发团队方面，要采取以军队科技人员为主，地方科技人员为辅的组队模式，牢牢把握研发的大方向。

2）培养组织实施的管理人才

军事游戏训练模式的发展创新，需要一批富有经验、擅长组织实施的军事游戏管理人才。在军事游戏的开发和军事游戏模拟训练的组织实施过程中，管理人才所发挥的作用不容小觑，他们将各个要素进行整合，分工调配，使之发挥最大的效能。军队应该依托各科研机构与基层单位，挑选科学文化素质较高的初级研究员与指挥员，培养他们的组织领导能力和开拓创新能力。打造一支有勇有谋、思路清晰、头脑敏锐的管理干部队伍。

3）培养有发展战略眼光的领军人才

随着高科技武器装备的不断研发，作战样式发生着剧烈变化。必须培养一批拥有发展战略眼光的领军人才，创新发展军事游戏模拟训练模式。在整个发展过程中，为工程建设明确总目标、大方向、总任务和阶段目标及阶段任务等。防止在开发系统的过程中，出现标准不统一、内容过时、针对性不强等问题，使训练内容、训练方式跟上新时代作战理念。防止出现在游戏模拟系统中适用的战术在实战中不管用、不实用的问题，让整个训练模式具有极强的可用性、先进性。

4）培养能够熟练应用各类军事游戏的实战人才

军事游戏模拟训练内容的设计要充分考虑广大官兵的能力素质、兵种特点和文化水平。军事游戏模拟训练的创新要建立在大量能够在各自岗位熟练应用各种类型军事游戏的实战人才的基础上。例如，可以熟练应用武器操作类和单兵专业技术培训类军事游戏的士兵；熟练应用指挥器材操作、车辆控制、通信类军事游戏的指挥军官；熟练掌握指挥控制、战术应用、战略设计类军事游戏的部队作战首长。熟练掌握单兵救护、战场心理辅导、心理咨询类军事游戏的战地医生以及一些保障人员等。

4. 以竞赛评比为牵引推动军事游戏模拟训练深入开展

竞赛评比是推动军事游戏模拟训练深入开展的有力抓手，也是我军军事训练的有力举措。在军事游戏模拟训练试行推广阶段，采取竞赛评比的方法鼓励广大指战员努力开展军事游戏模拟训练，积极探索军事游戏模拟训练的新模式和新方法，使军事游戏模拟训练真正成为提升官兵战斗力的一项有效训练方式。

1）科学确定竞赛目的，牵引军事游戏模拟训练发展

目前，军事游戏模拟训练在我军正处于摸索起步阶段，尚未全面铺展开来。大部分指战员对于军事游戏训练只有一个模糊的认识，对于其意义和价值并没有一个深刻的了解。因而，在军事游戏模拟训练开展之初，采取比武竞赛的手段，其目的主要是要调动广大指战员的训练热情和训练积极性，使广大指战员深刻地感受到军事游戏模拟训练对提高官兵训练水平的意义和价值，从而使其对军事游戏模拟训练形成认同感，牵引军事游戏训练在部队全面开展。

2）合理选择竞赛方式，推动军事游戏模拟训练发展

采用比武竞赛的手段推动军事游戏训练的发展，需要根据比武竞赛的目的，合理选择竞赛方式。例如，针对一些部队不重视军事游戏模拟训练的问题，可以广泛采取选拔赛和对抗赛的方式，对通过选拔和在军事游戏对抗训练中获胜的部队给予精神和物质上的奖励，使其充分认识到军事游戏模拟训练的重要性。又如，在一些对军事游戏模拟训练比较陌生的部队中，采取达标赛和攻关赛等方式，由易到难设置比赛科目，使其在训练中逐步认识军事游戏模拟训练对推动官兵训练水平提高的作用。

3）规范竞赛评比机制，持久推动军事游戏模拟训练发展

在部队开展军事游戏模拟训练比武竞赛，需要有一套规范的竞赛评比机制才能够持久推动军事游戏模拟训练发展。首先，要把军事游戏模拟训练的竞赛

评比真正纳入部队日常比武竞赛的时间表，使军事游戏模拟训练竞赛评比成为一项专门的竞赛内容。其次，多层次确保军事游戏模拟训练竞赛评比的运行。仅仅在基层作战部队开展竞赛评比是远远不够的，必须调动各级指挥员、机关各单位，全面开展军事游戏模拟训练竞赛评比，才能够真正确保军事游戏模拟训练竞赛评比的落实。最后，制定规范的军事游戏模拟训练竞赛评比政策制度，把训练成绩与评功评奖和个人成长进步挂钩，使军事游戏模拟训练竞赛评比走上制度化和规范化道路。

5. 坚持消化吸收再创新推动我军军事游戏模拟训练模式的发展

我军开展军事游戏模拟训练起步较晚，军事游戏模拟训练模式的各个要素不够完善。目前，相关的组织管理机构还未设立，统筹规划和顶层设计仍然缺乏相应的指导。要实现我军军事游戏模拟训练模式大跨步发展，必须坚持消化吸收国内外的先进理论，增强我军的自主创新能力。

1）借鉴吸收国内外优秀成果

在军事游戏模拟训练方面，国外有很多成熟的经验可以借鉴。例如，美军强调运用军事游戏进行贴近实战模拟训练，在作战行动之前，美军都要利用军事游戏模拟战争发展的过程，并通过军事游戏对参战人员进行训练，使之提前熟悉战场环境，这大大提高了士兵的生存概率；俄罗斯军队强调运用军事游戏进行战术对抗训练，俄罗斯利用军事游戏进行训练已经成为军队中的惯例，他们特别重视对抗训练，在虚拟的战场锻炼士兵们的战术素养；英国军队强调运用军事游戏进行战场生存能力训练，英军利用军事游戏最大限度地模拟实战条件下的战场环境，经过军事游戏训练的士兵，战场生存率大大提高；新加坡军队强调运用军事游戏进行城市战术训练，对于训练场地有限的国家来讲，运用军事游戏进行模拟训练，是一种有益的补充。

2）增强我军自主创新能力

真正的学习不是一味地接受新事物，学习一个是吸收、消化，然后再创造的过程。只有把学到的东西融会贯通，创造出属于自己的东西，才算真正具备了学习能力。如今，要想使我国军事游戏开发水平高速发展，在引进国外先进科学技术和治理经验的同时，尤其要遵循“消化—吸收—创新”这一指导思想。这也是我国实现技术跨越、提高自主创新能力的现实途径。我军目前创新模式特色之路，是高校、科研院所与企业合作创新，这是一条行之有效的路。我们应避免处于跟踪模仿的不利地方，要努力自主开发核心技术，打破国外的技术封锁，形成自己的特色品牌。我军应借鉴外军军事游戏设计经验，充分消化吸收，取其精华，赋予我军特色，设计属于自己的军事游戏模拟训练系统。首先要针对军事行动任务特点，确定系统的总体设计；其次要做到系统界面简单，功能类别清晰，易于操作，适合部队指挥需要；最后要针对具体的行动任务，构建一个与真实环境相似的虚拟环境。

军事游戏模拟训练模式可认为是基于虚拟游戏技术的军事模拟训练模式。它是以信息化条件体系对抗为研究背景，依托训练法规或大纲等规定的训练课目，采用动漫游戏技术、网络技术等先进的计算机仿真技术，构建虚拟战场环境和虚拟兵力，以游戏的设计模式和操作方式，使部队用户在趣味训练中掌握训练内容。军事游戏训练主要通过军事游戏训练系统来实现。军事游戏训练是围绕军事训练问题而展开的，与部队传统的实兵训练和模拟系统训练有着紧密的联系，形成了相互补充和完善的关系。近年来，随着我军信息化建设的发展，部队的硬件平台和人员素质均有了较大程度的提高，已经初步具备了利用军事游戏开展模拟训练的基础条件。

军事游戏的未来前景无疑是光明的，软件和计算机技术的飞速发展将极大提高游戏的功能和性能。更逼真的虚拟现实，更自然的人机接口，更真实的物理实体行为都将大大增强训练的沉浸感和真实体验。但是，所有这些进步可能都属于商业游戏领域，军事领域应该在其他方面投入资源以最大程度地发挥游戏的作用。在军事游戏训练受到越来越多重视的情况下，军事游戏训练模式的研究就成为关注的焦点。目前，我军正处于机械化向信息化转型的关键时期，应该大力借鉴军事游戏的军民联合开发、虚拟现实技术、多角色多任务训练等独特优势，积极研发我军的军事游戏模拟训练系统，创新发展训练模式。在研究过程中，由于受作者研究水平、知识的广度和深度以及工作实践经历、阅历限制，本书还存在着许多不够准确、完善的地方。如在对我国军事游戏模拟训练模式的现状调研时，很多涉及部队编制、人员等方面的数据，出于安全保密等因素，资料收集并不全面，造成在书中定性分析相对较多，定量分析相对较少，论据说服力不够强。在提出对策措施时，偏重于从原则、思路等宏观角度进行理论阐述，可操作性仍有欠缺，有些观点和提法可能还值得商榷。军事游戏模拟训练模式的研究工作是一项系统的、长期的动态发展过程，随着科技水平的提高和军队建设的发展也将不断发展变化，我们将以本书的初步研究为契机，结合下一步工作实际，进一步加强对军事游戏模拟训练模式的跟踪研究和思考，深化理解和认识，对书中的观点加以完善并在工作实践中加以运用。

参考文献

[1] Roger Smith. The long history of gaming in military training [J]. SIMULATION &GA MING, 40th Anniversary Issue, 2010 (41): 37 –39.

[2] 许子君，苑敏，傅昊．军队实施游戏化训练的思考 [J]. 当代经济，2010，5：35-36.

[3] 吴铨叙．军事训练学 [M]. 北京：军事科学出版社，2003.

[4] 张震，曹军梅．人工智能原理应用于人类学习的方法探究 [J]. 中国电力教育，2005 (3)：35-39.

[5] 张爱华．军事训练学教程 [M]. 北京：解放军出版社，2004.

[6] 周昌能，尔雪丽．游戏式学习研究综述 [J]. 现代教育技术，2009 (3)：16-20.

[7] 卞云波，李艺．国外电子游戏教育应用的理论研究综述 [J]. 开放教育研究，2009 (2)：24-26.

[8] 魏婷．教育游戏激励学习动机的因素分析与设计策略 [J]. 现代教育技术，2009 (1)：16-17.

[9] 张孝礼，李明，王书利．军事训练学总论 [M]. 北京：新华出版社，1994.

[10] Li Zhan. The potential of America's Army, the video game as civilian-military public sphere [J]. Massachusetts Institute of Technology，2004：137-143.

[11] 魏岳江．美军用电脑游戏实现“像训练一样打仗” [J]. 基层政治工作研究，2011 (9)：37-39.

[12] Thomson. From Underdog to Overmatch：Computer Games and Military Transformation [J]. Popular Communication，2009 (7)：92-106.

[13] 杨南征．虚拟演兵——兵棋、作战模拟与仿真 [M]. 北京：解放军出版社，2007.

[14] 唐保东．电脑游戏：搭建军事仿真作战新平台 [N] 解放军报，2006-05-25 (12).

[15] 刘星，李冲．浅析信息化条件下训练模式创新 [J]. 华南军事，2012 (2)：20.

[16] 董怀德，王启田，黄超会．军事游戏训练 [M]. 北京：国防大学出版社，2012.

[17] 于雷．向创新军事训练模式要战斗力 [N]. 解放军报，2010-7-1 (10).

[18] 熊成．军事游戏与模拟训练 [J]. 桂林空军学学报，2013 (2)：68.

参考文献

[1] Nigel Smith. The four factors of gaming in military training [J]. SIMULATION & GAMING, 40th Anniversary Issue, [illegible]
[2] [illegible]
[3] [illegible]
[4] [illegible]
[5] [illegible]
[6] [illegible]
[7] [illegible]
[8] [illegible]
[9] [illegible]
[10] [illegible] Massachusetts Institute of Technology, [illegible]
[11] [illegible]
[12] [illegible] Computer Games and Virtual [illegible] [J]. [illegible] 2009 (7): [illegible]
[13] [illegible]
[14] [illegible]
[15] [illegible]
[16] [illegible]
[17] [illegible]
[18] [illegible]